高职高专"十三五"规划教材

生活与化学

SHENGHUO YU HUAXUE

古平　张斌　主编

化学工业出版社

·北京·

内容提要

《生活与化学》从学生的实际出发,选取与其生活密切相关的内容,采用项目任务驱动式的编写模式,设置了六个项目和若干任务。六个项目分别为:制订合理的个性化营养方案;探寻食品加工过程中的秘密;探索对健康有影响的其他常见物质;探索生活日用品中的化学奥秘;探索生活中的高分子材料;探讨环境污染的危害和改善。

本书可作为高等院校非化学专业学生的通识课教材,也可供对化学感兴趣的人参考使用。

图书在版编目(CIP)数据

生活与化学/古平,张斌主编. —北京:化学工业出版社,2020.10(2024.2重印)

高职高专"十三五"规划教材

ISBN 978-7-122-37514-8

Ⅰ.①生… Ⅱ.①古… ②张… Ⅲ.①化学-高等职业教育-教材 Ⅳ.①O6

中国版本图书馆CIP数据核字(2020)第146686号

责任编辑:李 琰 宋林青

责任校对:宋 玮   装帧设计:韩 飞

出版发行:化学工业出版社(北京市东城区青年湖南街13号 邮政编码100011)

印 装:大厂聚鑫印刷有限责任公司

787mm×1092mm 1/16 印张10¾ 字数264千字 2024年2月北京第1版第5次印刷

购书咨询:010-64518888   售后服务:010-64518899

网 址:http://www.cip.com.cn

凡购买本书,如有缺损质量问题,本社销售中心负责调换。

定 价:45.00元

前 言

化学是研究物质的组成、性质、结构与变化规律的科学，也是创造新物质的科学。人类的生存和社会的发展都离不开化学。化学就在我们身边，化学与生活密切相关，人类的衣食住用行、保健、疾病防治等都需要化学知识来引导。

作为从事教学工作近30年的化学化工专业教师，笔者深深理解生活与化学之间的紧密联系，有感于高职学生对生活的态度和生活习惯，响应党中央实施健康中国行动的号召，秉承"科学为大众"的理念，于2018年在山东化工职业学院倡导并开设了《生活与化学》选修课，向学生较为系统地介绍生活中的化学知识，在学生中普及化学知识，让化学走进学生的生活，以期提高学生健康生活的核心能力，提高学生的化学素养。

《生活与化学》从学生的实际出发，选取与其生活密切相关的内容，采用项目任务驱动式的编写模式，设置了六个项目和若干任务。六个项目分别为：项目一，制订合理的个性化营养方案；项目二，探寻食品加工过程中的秘密；项目三，探索对健康有影响的其他常见物质；项目四，探索生活日用品中的化学奥秘；项目五，探索生活中的高分子材料；项目六，探讨环境污染的危害和改善。

本教材总结了作者近两年的教学经验，内容通俗易懂，兼具知识性和趣味性，深入浅出，增加了实践和自我评价环节，使教材简明、实用、可操作，既可以作为高等院校化学素质教育的通识课程教材，也可以作为大众科普读物，希望能对阅读本书的广大读者提供些许帮助。

本书在成书过程中得到了王文东先生、范振河教授、方黎洋博士的大力帮助，在此一并表示感谢。

感谢化学工业出版社的李琰老师，正是由于她的辛勤工作，这本书才得以与广大读者见面。

限于编者的学识与水平，书中存在不当、疏漏之处，恳请批评指正。

古平

庚子季夏于牧牛山下

目 录

项目六　探讨环境污染的危害和控制 ——————————138

制订合理的个性化营养方案

【项目说明】

制订合理的个性化营养方案就是解决吃什么、吃多少、怎样吃的问题。

本项目的学习目的是了解七大营养素和居民膳食指南的知识，制订合理的个性化营养方案，达到均衡营养、健康体重的目的。

任务一　确定三大产能营养素的摄入量

【任务介绍】

以你某日三餐为例，完成以下任务。

1. 列出主要含糖类、脂类、蛋白质这三大产能营养素的食物。

2. 利用网络资源和相关资料，了解并计算你的身体质量指数（BMI指数），并与正常值比较，衡量你的胖瘦程度，判断三大产能营养素是否摄入过量。

3. 根据自己的情况和三大产能营养素的知识，合理搭配一日三餐。

【任务分析】

利用网络资源和三大产能营养素的知识，结合个人情况，在日常生活中注意控制三大产能营养素的摄入，使之趋于合理。

【相关知识】

食物是人体赖以生存的物质基础。食物中能被人体消化、吸收和利用的有机和无机物质称为营养素。营养素有两个特点：一是必须从食物中摄取；二是要满足人体的最低需求。

人体从食物中获取的营养素种类很多，按照它们的化学性质和生理作用分为七类，即糖类、脂类、蛋白质、维生素、矿物质、水和膳食纤维。其中，糖类、脂类、蛋白质在体内代谢，产生能量，因此称为产能营养素（也叫储能营养素）。其余四种称为非产能营养素。人体对产能营养素的需求比较大，这些营养素也被称为宏量营养素。维生素和矿物质在体内并不产生能量，主要作用是调节机体的功能，人体对它们的需求相对较少，被称为微量营养素。接下来介绍三大产能营养素。

一、糖类

1. 糖类的定义

糖类也叫碳水化合物，因为最初发现的这一类化合物的分子式都符合这样的一个通式 $C_m(H_2O)_n$，这很容易让人以为这类化合物就是由碳和水组成的。后来发现这一类化合物中的氢和氧并不是以水分子的形式存在，而且分子中的氢和氧的比例也不总是 2：1。虽然这个命名并不合适，可是大家已经习惯了这种称呼，直到今天这个名称还在广泛使用。实际上，糖类是多羟基醛或者多羟基酮及其缩聚物和某些衍生物的总称，它是自然界最丰富的有机物，也是人体能量最经济和最重要的来源。

2. 糖类化合物的分类

糖类化合物根据结构分为单糖及单糖衍生物、寡糖和多糖。

（1）单糖及单糖衍生物

单糖就是不能再水解的糖类，是构成各种二糖和多糖的基本单位。按碳原子数目，单糖可分为丙糖、丁糖、戊糖、己糖等。自然界的单糖主要是戊糖和己糖。根据分子构造，单糖又可分为醛糖和酮糖，结构见图 1-1-1。多羟基醛称为醛糖，多羟基酮称为酮糖。例如，葡萄糖为己醛糖，果糖为己酮糖。

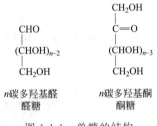

图 1-1-1　单糖的结构

单糖中最重要的、与人们关系最密切的是葡萄糖。常见的单糖还有果糖、半乳糖、核糖和脱氧核糖等。单糖的衍生物如木糖醇、甘露糖醇、山梨糖醇等，也属于糖类化合物。

（2）寡糖

单糖与单糖可以连接，形成二糖、三糖，甚至多糖。由少数的单糖分子聚合而成的糖类化合物称为寡糖或者低聚糖，包括二糖、三糖等。

烹调、冲泡咖啡、制作糕点等使用的蔗糖是二糖。广泛用于糖果的饴糖、制作糖葫芦的麦芽糖也是二糖。牛奶中主要的成分之一乳糖，也是一种重要的二糖。

水果蔬菜当中还有一些由 3～10 个单糖分子聚合而成的低聚糖，如低聚果糖、低聚木糖等。这些低聚糖不能被人体消化吸收，但可以被人体肠道内的益生菌如双歧杆菌利用，促进双歧杆菌的生长，因此也被称作为双歧因子。

（3）多糖

由几百个、几千个、甚至更多个单糖聚合而成的糖类化合物称为多糖。

淀粉、纤维素、糖原、果胶、几丁质（壳聚糖）都是多糖。

单糖、二糖一般都有甜味，多糖一般没有甜味。米饭的主要成分是淀粉，淀粉是没有甜味的，但是如果在口腔中停留时间长了，淀粉被口腔中的淀粉酶水解，产生了一部分的麦芽糖、葡萄糖和果糖，就会有甜味。

3. 糖类的主要生理作用

糖类的主要作用如下所述。

（1）提供和贮存能量

每克糖类在体内分解大约能产生 4 千卡左右的能量。

中国营养学会建议人体每天所需能量的 55%～65% 来自糖类。食物中提供能量的糖类主要是淀粉、单糖和二糖，淀粉分布在谷类、豆类、根茎类食物中，单糖和二糖主要分布在各种蔬菜、水果中。淀粉的分布见图 1-1-2。

淀粉含量70%　　　　　　淀粉含量40%～60%　　　　　　淀粉含量20%

图 1-1-2　含淀粉的食物

葡萄糖是人体中最主要的供能分子。在人体禁食的情况下，葡萄糖是体内唯一游离存在的单糖。成人血液中葡萄糖的浓度大约是 5mmol/L。葡萄糖在体内释放能量快，是神经系统和心肌的主要能源，也是肌肉活动时的主要燃料，对维持神经系统和心脏的正常功能、增强其耐力、提高其效率都有重要意义。因此如果需要迅速补充能量，如因为腹泻、饥饿等原因造成低血糖的时候，可静脉注射葡萄糖溶液。

其他的单糖、二糖、多糖等在体内需要在酶的作用下转化或者分解为葡萄糖，然后借助葡萄糖的代谢途径分解产生能量。相对而言，单糖、二糖等小分子转化成葡萄糖的速度快，而多糖在体内分解慢。其他产能营养素，如脂肪、蛋白质，产生能量也慢。因此如果人体需要迅速补充能量，可以选择含低分子糖较多的食物，如巧克力、蜂蜜、水果等。

如果体内缺少分解某一类多糖的酶，那么这一类多糖就不能被人体利用产生能量。如淀粉和纤维素（结构见图 1-1-3），都是由葡萄糖聚合而成的，但是人体内有分解淀粉的酶，没有分解纤维素的酶，人体就只能利用淀粉，而不能利用纤维素。牛、羊等反刍类动物的消化道内有寄生的微生物，可以分解纤维素，因此这些动物可以利用纤维素产能，以纤维素为主食。

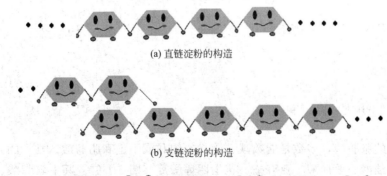

(a) 直链淀粉的构造

(b) 支链淀粉的构造

(c) 纤维素的构造

图 1-1-3　淀粉和纤维素的构造

 代表葡萄糖分子

（2）起结构和支撑的作用

纤维素、几丁质分别是植物和动物中的主要骨架物质，起结构和支撑的作用。除此以外，半纤维素、果胶等也参与植物细胞壁的组成。这些多糖并不能被人体消化吸收，不能提供能量，但是对人体健康有特殊的作用，被称为膳食纤维。

二、脂类

脂类是脂肪、磷脂和胆固醇等的统称。

1.脂肪

脂肪主要指甘油三酯和脂肪酸。

（1）甘油三酯和脂肪酸的结构

甘油三酯是由甘油和脂肪酸形成的酯，也称脂肪或者油脂，是人体内含量最多的脂类。大部分组织均可利用甘油三酯分解产物供给能量，同时肝脏、脂肪等组织还可以进行甘油三酯的合成，在脂肪组织中贮存。

图 1-1-4 表示甘油三酯的结构，方框中的部分就是甘油部分，它通过三个羟基分别与三分子脂肪酸相连。脂肪酸是甘油三酯的重要组成部分，能氧化分解释放能量，因此，脂肪酸被认为是最简单的脂类。

脂肪酸是长链的一元羧酸，其结构式为 RCOOH，R 代表长碳氢链。大多数碳氢链是直链，少数带有分支。有些脂肪酸碳氢链中没有双键，称为饱和脂肪酸，这样的脂肪酸碳链比较伸展，如图 1-1-5（a）所示。有些脂肪酸含有一个或多个双键，分别称为单不饱和或多不饱和脂肪酸。这样的脂肪酸碳氢链会在双键的地方出现弯折。图 1-1-5（b）方框中表示的弯折方式为顺式结构，该脂肪酸称为顺式脂肪酸。图 1-1-5（c）的弯折方式为反式结构，表示该脂肪酸为反式不饱和脂肪酸。

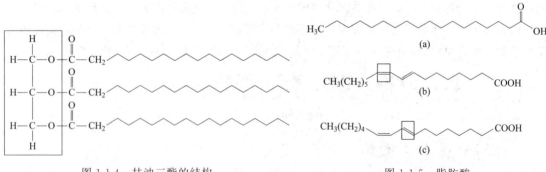

图 1-1-4　甘油三酯的结构　　　　　　　　图 1-1-5　脂肪酸

自然界中存在的脂肪酸，多数是偶数碳、顺式的饱和或不饱和脂肪酸。常见的脂肪酸有软脂酸、硬脂酸、油酸、亚油酸、亚麻酸、花生四烯酸等（图 1-1-6）。其中软脂酸、硬脂酸属于饱和脂肪酸。油酸属于单不饱和脂肪酸。亚油酸、亚麻酸、花生四烯酸属于多不饱和脂肪酸。人体能够合成饱和脂肪酸和单不饱和脂肪酸，但是因为缺少相应的酶，所以不能合成亚油酸和亚麻酸。然而亚油酸和亚麻酸又是人体维持正常功能所必不可少的，因此必须从食物当中获得，被称为必需脂肪酸。正常碳链的多不饱和脂肪酸，如花生四烯酸、二十碳五烯酸（EPA）、二十二碳六烯酸（DHA），不属于必需脂肪酸，可以从亚油酸、亚麻酸合成，但是合成速度较慢，从食物中获取仍然是最有效的途径。

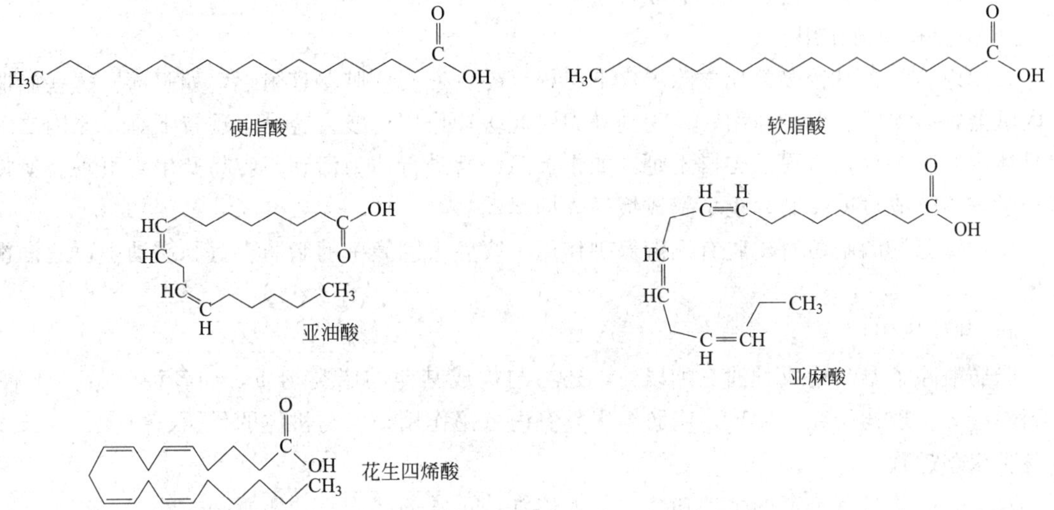

图 1-1-6　常见的脂肪酸

（2）甘油三酯和脂肪酸的性质

不同脂肪酸碳链的长短不同、饱和程度不同、双键的构型（顺、反）不同，因此性质也不同。

构成甘油三酯的脂肪酸的碳氢链越长、双键越少（不饱和程度越低），甘油三酯的溶解度越低、熔点越高（常温下为固态）。脂肪酸的碳氢链越短、双键越多（不饱和程度越高），相应的甘油三酯的溶解度越高、熔点越低（常温下为液态）。动物性油脂一般含饱和脂肪酸较多，熔点较高，在常温下一般为固态，如猪油、牛油等；植物性油脂一般含不饱和脂肪酸较多，熔点较低，常温下一般为液态，如菜籽油、大豆油等。严格来说，含饱和脂肪酸为主的甘油三酯称为脂，含不饱和脂肪酸为主的甘油三酯称为油，统称为油脂、脂肪、真脂等。

不饱和脂肪酸中的双键很容易氧化发生酸败，不如饱和脂肪酸稳定。因此脂比油稳定，也就是说，动物性油脂要比植物性油脂更稳定。

不饱和脂肪酸中的双键可以加氢转变为饱和脂肪酸。这样通过加氢，可把价格较低的植物油转变为价格较高的动物油。在这个过程中，容易产生副产物——反式脂肪酸。一般食物中没有反式脂肪酸，通过加氢得到的人造黄油中含有少量的反式脂肪酸。研究表明反式脂肪酸会降低记忆力、导致动脉硬化、增加血液黏稠度、影响生长发育。

（3）甘油三酯和脂肪酸的生理功能

1）提供能量

每克脂肪在体内代谢能产生 9 千卡的能量，比糖类和蛋白质（大约 4 千卡/克）都高。人体主要以脂肪的形式储存能量。当体内能量过剩时，可以合成糖原储存在肝脏或肌肉中（肝糖原和肌糖原），但是肝糖原和肌糖原的储量有限，而且储存能量的效率不如脂肪，所以更多多余的能量是以脂肪的形式储存的。一些动物在进入冬眠期之前，会大量进食，以脂肪的形式储存能量。种子一般含油脂较多，这也是为了储存能量，供种子萌发时所需。

2）保持体温，防止热量流失

生活在极地、深海等高寒地区的动物，像北极熊、企鹅、深海鱼类等，体内脂肪含量普遍较高，皮下脂肪可以起到隔热保温的作用。人体也一样，一般胖人皮下脂肪较厚，较不怕冷，所以皮下脂肪对维持正常体温非常重要。

3）保护和润滑作用

人体内脂肪含量较多的地方除了皮下组织以外，还有内脏器官附近，如腹部。这些脂肪对内脏器官起支撑和保护作用，在受到外力时起缓冲作用。瘦人容易出现胃下垂，原因之一就是体内脂肪较少，对胃的支撑不足。如果饭后经常进行体力活动，容易产生胃下垂。所以营养学家不赞成过度减肥，也不赞成饭后立即运动。

皮质腺分泌的脂肪对皮肤有润滑保护作用。腹腔大网膜中的脂肪在胃肠蠕动中也起润滑作用。

4）其他作用

脂肪酸除了参与构成甘油三酯以外，还参与构成其他的脂类物质，如各种磷脂、糖酯、胆固醇酯等。现代研究还发现，脂肪组织具有内分泌作用，参与机体的代谢、免疫、生长发育各种生理过程。

总之，脂肪具有丰富的生理功能，是人体维持正常的结构、功能所必需的。

（4）甘油三酯和脂肪酸的营养价值

甘油三酯除了为人体提供能量以外，最主要的营养价值是提供必需脂肪酸。植物油中含有较多的亚油酸和亚麻酸，熔点低，容易消化，故营养价值较动物油脂高，但是椰子油除外。椰子油含有较多的短链饱和脂肪酸，必需脂肪酸的含量较低。动物的心、肝、肾及血中含有较多的亚油酸和花生四烯酸。

动植物油脂作为脂溶剂，还可以提供一些脂溶性的维生素。植物油，特别是谷物类种子制作的胚芽油中，含有丰富的维生素 E。动物肝脏，尤其是深海鱼类的肝脏制作的鱼肝油中含有维生素 A 和维生素 D。

（5）脂肪的食物来源

脂肪的食物来源，包括动物的脂肪组织、肉类、植物的种子等。动物的脂肪主要含有饱和脂肪酸和单不饱和脂肪酸。植物油主要含有不饱和脂肪酸。常用食用油脂中主要脂肪酸见表 1-1-1。亚油酸普遍存在于植物油中。亚麻酸主要存在于豆油、菜籽油、葵花籽油中。水产品中一般富含多不饱和脂肪酸，尤其是深海鱼类的鱼油中富含 EPA 和 DHA。EPA 具有降血脂的作用，能降低血黏度，减少动脉粥样硬化的发生。DHA 是视网膜中含量最丰富的多不饱和脂肪酸，帮助维持视觉功能，还具有促进大脑发育的作用。

表 1-1-1　常用食用油脂中主要脂肪酸

食用油脂	饱和脂肪酸	不饱和脂肪酸			其他脂肪酸
		油酸	亚油酸	亚麻酸	
可可油	93[①]	6	1		
椰子油	92	0	6	2	
橄榄油	10	83	7		
菜籽油	13	20	16	9	42
花生油	19	41	38	0.4	1
茶油	10	79	10	1	1
葵花籽油	14	19	63	5	

食用油脂	饱和脂肪酸	不饱和脂肪酸			其他脂肪酸
		油酸	亚油酸	亚麻酸	
豆油	16	22	52	7	3
棉子油	24	25	44	0.4	3
蓖麻油	15	39	45	0.5	1
芝麻油	15	38	46	0.3	1
玉米油	15	27	56	0.6	1
棕榈油	42	44	12		
米糠油	20	43	33	3	
文冠果油	8	31	48		14
猪油	43	44	9		3
牛油	62	29	2	1	7
羊油	57	33	3	2	3
黄油	56	32	4	1.3	4

① 指某种脂肪占食物中脂肪总量的百分数。

（6）食用油的选择

不同脂肪酸对人体的作用不同，营养学家通常建议每日摄入的不同脂肪酸的比例应该为饱和脂肪酸∶单不饱和脂肪酸∶多不饱和脂肪酸＝1∶1∶1。但个体情况不同，烹饪方式也多种多样，应该如何选择食用油呢？

1）根据烹饪方式选择

表1-1-2列出了几种常见食用油的特点。采用不同烹饪方式，食物受热情况不同，用油种类也应不同。大豆油中不饱和脂肪酸含量高，受热不稳定，适合炖煮食物，不适合煎炸。黄油热稳定性好，适合高温烹调，所以煎牛排最好用黄油。

表 1-1-2　常见食用油的特点

食用油的品种	价格	饱和脂肪酸	单不饱和脂肪酸	多不饱和脂肪酸	说明
大豆油	最低	很少	24％	56％	不适合煎炸
花生油		很少	40％	36％	容易污染黄曲霉素
葵花籽油		很少	20％	65％	含抗氧化成分
橄榄油	最贵	很少	70％		
黄油		60％	30％	很少	热稳定性好，适合高温烹调
植物奶油（人造黄油）		大豆油加氢而来		不含胆固醇，含大量反式脂肪酸	

2）根据个体情况选择

不同脂肪酸有不同的性质。饱和脂肪酸容易引起血脂升高；多不饱和脂肪酸比单不饱和脂肪酸更容易被氧化。不同人群根据个体情况，选择相应的食用油。吃动物性食品较多、植物性食品较少的人适合选择含多不饱和脂肪酸较多的油类，如葵花籽油；中老年人和高血脂患者适合选择含不饱和脂肪酸较多的油类，如橄榄油；素食者适合选择含饱和脂肪酸较多的油类，如黄油。

3）两"看"一"闻"选好油

选购食用油，要注意看透明度、看时间、闻气味。尽量买透明度高、生产时间近的、无刺激性气味的食用油。

另外建议不同食用油换着吃，要多样化，不要长期只吃一种食用油。

2. 磷脂

磷脂就是含有磷酸的酯。常见的磷脂有卵磷脂、脑磷脂、心肌磷脂等。

磷脂的主要功能是参与构成各种生物膜，包括细胞膜、细胞器膜等。各种生物膜的主要成分都是磷脂，占 $50\%\sim70\%$，因此磷脂对维持细胞的结构和功能非常重要。另外，磷脂中所含的含氮碱基也有各自的生理功能。如卵磷脂中的含氮碱基是胆碱，它是合成乙酰胆碱的原料。乙酰胆碱是一种重要的神经递质，可以促进和改善大脑组织和神经系统的功能。

磷脂通常既亲油又亲水，可作为乳化剂，促进其他脂类物质如脂肪在体内的消化、吸收和转运，因此磷脂有降低血脂、改善脂肪的吸收和利用、降低胆固醇在血管内的沉积、降低血黏度、预防心血管疾病的作用。磷脂在食品加工中也有广泛的应用，如可以作为乳化剂在人造奶油、蛋黄酱、巧克力等食品生产中使用。在保健品生产中，磷脂用于改善脑神经系统和心血管系统的功能，但是不能大剂量使用，否则可能会刺激胃肠道，影响食欲。

磷脂的主要食物来源有蛋黄、动物肝脏、大豆、麦胚、花生等。

3. 胆固醇

胆固醇是一类特殊的脂类物质，也称类脂。类脂指的是不含脂肪酸、不符合酯类化合物的结构特征，但是具有与脂肪相似的性质（疏水性强、不溶于水、溶于油性溶剂）的一类化合物。

胆固醇是人体中最主要的固醇，是人体细胞的重要组分，可以增加细胞膜的坚韧性。胆固醇也是合成重要活性物质的原料，是性激素、肾上腺皮质激素、维生素D、胆汁酸等的前体。

胆固醇的主要食物来源是动物性食品，包括动物的内脏、蛋类、奶类、肉类等。人体除了从食物中获得胆固醇，还可以自身合成一部分胆固醇，因此一般不会发生胆固醇缺乏的问题。但是过多的胆固醇会带来高血脂、动脉粥样硬化、冠心病等疾病风险，所以应严格限制食物中胆固醇的摄入量。中国营养学会建议，胆固醇的每日摄入量应该在 300mg 以下。

影响食物中胆固醇吸收的因素很多。高脂肪膳食、饱和脂肪酸促进食物中胆固醇的吸收，植物固醇、膳食纤维、不饱和脂肪酸降低食物中的胆固醇的吸收。另外，胆固醇在体内的转运依赖于血浆脂蛋白。不同的血浆脂蛋白，负责不同的运输线路。人体内存在三条运输胆固醇的路线，分别负责将食物中获取的胆固醇运输到肝细胞，将肝细胞中的胆固醇运输到肝外细胞，最后将肝外细胞多余的胆固醇运回肝细胞（胆固醇的逆向运输）。低密度脂蛋白，简称LDL，负责将胆固醇和胆固醇酯运输到肝外组织；高密度脂蛋白，简称 HDL，负责将肝外组织的胆固醇运回到肝细胞中进行代谢。因此 LDL 水平过高，容易导致血脂升高，血黏度增加，发生动脉粥样硬化的问题。HDL 水平高就可以降低血脂含量，促进胆固醇的分解，对血管起到保护作用。研究发现，饱和脂肪酸、反式脂肪酸可以升高 LDL 水平，降低

HDL 水平，而雌激素则可以升高 HDL 水平，降低 LDL 水平。因此饱和脂肪酸、反式脂肪酸会促进血脂增高，而雌激素可以降低血脂。

三、蛋白质

蛋白质是一切生命的物质基础。

1. 蛋白质的功能

（1）参与机体的构成

肌肉、骨骼、内脏、神经，甚至指甲、头发，没有一处不含蛋白质。从细胞膜到细胞器，从组织到器官，各种结构中都含有蛋白质。蛋白质是组成机体的主要成分，约占人体质量的 16%～19%。人体中的蛋白质处在不断的更新中，每天大约有 3% 的蛋白质被更新。

（2）承担各种生物功能

血液中运送氧气的血红蛋白是蛋白质，参与体内物质代谢的各种酶主要是蛋白质，帮助人体抵御病原体入侵的各种抗体、细胞因子是蛋白质，调节人体生长发育和代谢平衡的各种激素中很多是蛋白质，所以说蛋白质是各种生命活动、各种功能的主要执行者。

（3）供给热能

蛋白质同糖类、脂类一样，也能够为人体提供能量。每克蛋白质在体内代谢，能产生 4 千卡左右的能量。当然蛋白质在体内的主要功能不是提供能量，人体能量的主要来源是糖类和脂肪，当这两种化合物来源不足时，机体才会动用蛋白质氧化分解产生能量。

2. 蛋白质与氨基酸

蛋白质是由氨基酸组成的生物大分子，因此，蛋白质在体内的代谢，主要是先分解为小分子的氨基酸，氨基酸进一步分解产生能量，或者转化为其他分子。人体可以利用自身合成的或者其他蛋白质分解产生的氨基酸来合成新的蛋白质。

大约有 20 种基本氨基酸参与蛋白质的合成。大多数氨基酸是人体自身可以合成的，不一定需要从食物中获得，称为非必需氨基酸，但有一些是人体自身不能合成，或者不能足量合成，而必须从食物中直接获得的氨基酸，称为必需氨基酸。人体的必需氨基酸主要有八种，分别是苏氨酸、缬氨酸、亮氨酸、异亮氨酸、苯丙氨酸、色氨酸、赖氨酸、蛋氨酸（甲硫氨酸），见表 1-1-3。必需氨基酸可以通过下面的口诀来帮助记忆，"苏缬亮异亮、苯丙属芳香、还有色赖蛋、缺一人遭殃"。另外，组氨酸参与血球蛋白合成，促进血液生成，是婴儿的必需氨基酸。

表 1-1-3　必需氨基酸

氨基酸	功能	缺乏时的症状	食物来源
苏氨酸	促进蛋白质的吸收利用、防止脂肪积累、增强免疫功能	使人消瘦，甚至死亡	动物的肝脏、肉、蛋、蘑菇等
缬氨酸	促使神经系统功能正常	造成触觉敏感度特别高、肌肉共济运动失调	玉米、花生、黄豆、黑豆、鱼肉
亮氨酸	降低血糖、治疗头晕、促进皮肤和伤口愈合	停止生长，体重减轻	奶、蛋、肉、麦、玉米、梨、椰子、各种核仁

续表

氨基酸	功能	缺乏时的症状	食物来源
异亮氨酸	维持机体平衡、治疗精神障碍、促进食欲、抗贫血	出现体力衰竭、昏迷等症状	奶、蛋、肉、麦、玉米、梨、椰子、各种核仁
苯丙氨酸	增强记忆力、提高思维灵敏度、振奋精神、消除抑郁情绪	记忆力下降、抑郁	全麦面包、花生、大豆、胡萝卜、菠菜等
色氨酸	助眠，收缩血管止血，缓解焦虑	神经衰弱、失眠	小米、糙米、玉米、奶、肉、香蕉等
赖氨酸	增进食欲，促进幼儿生长发育	降低人的敏感性、出现贫血、头晕、头昏和恶心等病状	奶、蛋、肉、大豆、花生、小麦等
蛋氨酸	抗氧化，促进脂肪分解，清除铅、汞、锡等有害物质	肌肉活力低、容易得高脂血症	奶、肉、花生、大豆、甘蓝、花椰菜等

3. 食物中的蛋白质含量

不同食物中蛋白质的含量不一样，肉类为 16%～20%，谷物类为 7%～10%，豆类为 20%～40%，蛋类为 11%～14%，蔬菜为 1%～2%。

测定食物中的蛋白质含量一般用凯氏定氮法，即通过测定食物中的氮含量来推算食物中蛋白质含量。不同的蛋白质，其中的氮含量都近似为 16%，也就是说测得 1g 氮相当于 6.25g 蛋白质。三聚氰胺（图 1-1-7）被添加到婴幼儿奶粉中，主要是因为它冒充蛋白质可以大大提高奶粉氮含量。

图 1-1-7　三聚氰胺的结构式

4. 蛋白质的营养学评价

食物中蛋白质含量高不等于蛋白质的质量高。评价蛋白质的营养价值还要考虑其他指标，最主要的是蛋白质的消化率和利用率。

（1）蛋白质的消化率

蛋白质的消化率是指蛋白质在体内被消化和吸收的程度。不同食物中的蛋白质消化率不同，即使是同一种食物，如果加工方式不同，也会导致消化率不同。表 1-1-4 列出了几种食物的蛋白质真消化率。一般来说，动物性蛋白质消化率高于植物性蛋白质，植物性蛋白在加工烹饪后，蛋白质的消化率会大大提高。生的大豆被加工成熟的豆浆或者豆腐时，它的消化率会大大增加。为了提高蛋白质的消化率，应提倡熟食，细嚼慢咽。

表 1-1-4　几种食物的蛋白质真消化率

食物	真消化率/%	食物	真消化率/%
鸡蛋	97±3	玉米	85±6
牛肉	95±3	燕麦	86±7
肉鱼	94±3	小米	79
面粉（精）	96±4	菜豆	78
大米	88±4	花生酱	88

（2）蛋白质的利用率

蛋白质的利用率是指食物中的蛋白质被消化吸收后在体内被利用的程度。衡量蛋白质利用率的指标很多，常见的有蛋白质的生物价、净利用率、功效比和氨基酸评分。

① 蛋白质的生物价

蛋白质的生物价定义如下：

$$生物价 = \frac{贮留氮}{吸收氮} \times 100$$

蛋白质的生物价反映了食物中蛋白质被消化吸收后被机体驻留的程度，生物价的数值在0到100之间，生物价越高，表明被机体利用的程度越高。

② 蛋白质的净利用率

蛋白质的生物价与消化率的乘积就是蛋白质的净利用率。即：

蛋白质净利用率 = 生物价 × 消化率

③ 蛋白质的功效比

蛋白质的功效比，是指食物中的蛋白质可以使动物生长的效率。通常用处于生长阶段的动物进行试验，在一个实验周期内（一般为28天），动物体重增加的克数与摄入的蛋白质的克数的比值，就是蛋白质的功效比，如下式所示：

$$蛋白质功效比值 = \frac{动物增加的体重（g）}{摄入的食物蛋白质（g）}$$

蛋白质的功效比被广泛用于评价婴幼儿食品中蛋白质的营养价值。

④ 蛋白质的氨基酸评分

蛋白质的氨基酸评分，也叫化学评分，是目前广泛采用、最简单的评估蛋白质质量的方法。这种评估方法与蛋白质的氨基酸模式有关。

某种蛋白质中各种必需氨基酸的构成比例，就是这种蛋白质的氨基酸模式。一般是将一种蛋白质中的色氨酸含量定为1，然后计算出其他必需氨基酸的相应比值，这一系列的比值就是这种蛋白质的氨基酸模式。

某种蛋白质的氨基酸模式，与人体蛋白质的氨基酸模式越接近，必需氨基酸被人体利用的程度就越高，这种蛋白质的营养价值也就越高，称为优质蛋白质或者完全蛋白质，如鸡蛋、牛奶、瘦肉等的氨基酸模式与人体蛋白质接近，都是优质蛋白。

有些食物蛋白质中必需氨基酸种类齐全，但是氨基酸模式与人体蛋白质的氨基酸模式差异较大，其中一种或几种必需氨基酸相对含量较低，就会导致其他必需氨基酸在体内不能被充分利用而浪费，造成蛋白质营养价值降低，这一类蛋白质称为半完全蛋白质。大多数植物蛋白属于半完全蛋白质。大豆中蛋氨酸的含量低，大米和面粉中赖氨酸和苏氨酸的含量低，大豆、大米和面粉都属于半完全蛋白质。

蛋白质中含量低的氨基酸称为限制氨基酸。含量最低的氨基酸称为第一限制氨基酸，其次为第二限制氨基酸，依此类推。

不同食物中的蛋白质的氨基酸模式不同，因此将不同的食物搭配食用，可以相互弥补含量不足的氨基酸，提高蛋白质的营养学价值，称为蛋白质的互补作用，如动物性食品与植物性食品搭配食用，可以弥补植物性蛋白质中赖氨酸的不足。

还有一些食物蛋白质所含必需氨基酸种类不全，称为不完全蛋白质，如玉米胶蛋白、动物结缔组织中的胶原蛋白等。

氨基酸评分的具体方法是用被测蛋白质的各种必需氨基酸含量与参考蛋白质中相对应的必需氨基酸的含量相比较，比值最低的那种氨基酸，即这种蛋白质的第一限制氨基酸对应的数值，就是这种蛋白质的氨基酸评分。

$$\text{蛋白质的氨基酸评分} = \frac{\text{每克被测蛋白质的各种必需氨基酸的含量（mg）}}{\text{每克参考蛋白质相对应的各种必需氨基酸的含量（mg）}}$$

几种常见食物蛋白质质量见表 1-1-5。

表 1-1-5　几种常见食物蛋白质质量

食物	生物价	净利用率/%	功效比	氨基酸评分
全鸡蛋	94	84	3.92	1.06
全牛奶	87	82	3.09	0.98
鱼	83	81	4.55	1.00
牛肉	74	73	2.30	1.00
大豆	73	66	2.32	0.63
精制面粉	52	51	0.60	0.34
大米	63	63	2.16	0.59
土豆	67	60		0.48

5. 蛋白质营养不良症

发生蛋白质缺乏的原因有多种，常见的有：膳食中蛋白质供给不足；消化吸收不良；体内蛋白质合成障碍；因为出血受伤等而造成体内蛋白质损失过多等。蛋白质缺乏在成人和儿童中都有可能发生，但是处于生长发育期的儿童更为敏感。

蛋白质缺乏会导致蛋白质营养不良症。临床表现有两种类型，一种是水肿型，也就是热能摄入量基本满足，而蛋白质严重不足；一种是消瘦型，也就是蛋白质和热能的摄入均严重不足。

6. 蛋白质的摄入过量

蛋白质的摄入不是多多益善，蛋白质摄入过量，尤其是动物蛋白质摄入过量，对人体更有害。首先，会加重肾脏的负担；其次，加速骨骼中钙的流失，容易产生骨质疏松；再次，动物性蛋白的摄入往往伴随着过多的动物脂肪和胆固醇的摄入，对人体有害。因此，对于食物中的蛋白质，要提高优质蛋白的摄入比例，注意蛋白质的互补作用，合理搭配。

【任务拓展】

1. 到超市中查看常见食用油的标签，列出其成分。
2. 到超市调查奶及其制品的主要种类及其营养成分。

【知识点小结】

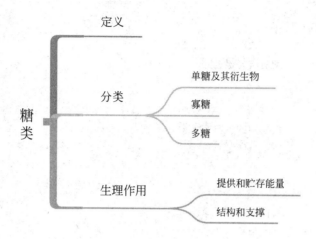

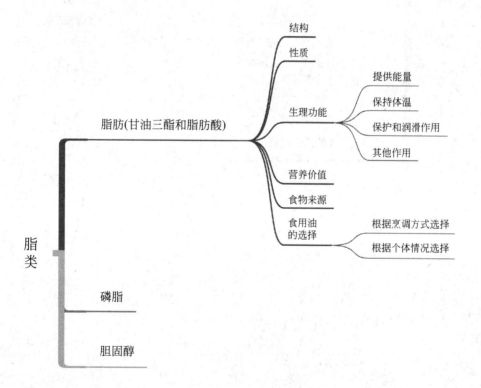

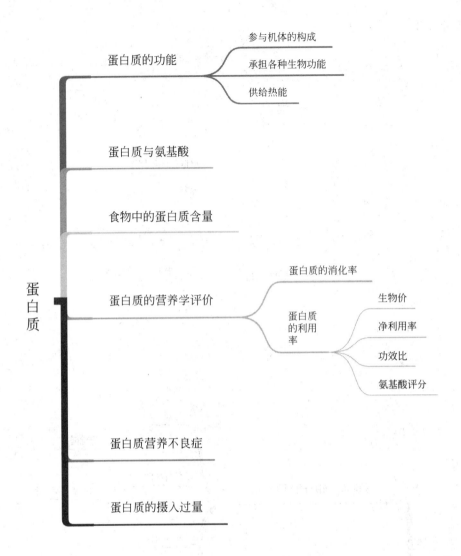

蛋白质
- 蛋白质的功能
  - 参与机体的构成
  - 承担各种生物功能
  - 供给热能
- 蛋白质与氨基酸
- 食物中的蛋白质含量
- 蛋白质的营养学评价
  - 蛋白质的消化率
  - 蛋白质的利用率
    - 生物价
    - 净利用率
    - 功效比
    - 氨基酸评分
- 蛋白质营养不良症
- 蛋白质的摄入过量

任务二 确定维生素和矿物质的摄入量

【任务介绍】

以你某日的三餐为例,完成以下任务。

1.指出含维生素 A、维生素 D、维生素 E、维生素 B_1、维生素 B_2、维生素 C 的食物。

2.查阅各种维生素的推荐摄入量和摄入量上限值,并与自己的情况对照判断是否摄入不足或过量。

3.根据自己的情况,判断钙、铁、锌、硒、碘是否摄入不足或过量,设计改善的饮食方案。

【任务分析】

利用维生素和矿物质的相关知识,结合个人情况,在日常生活中注意增减维生素和矿物质的摄入,使之趋于合理。

【相关知识】

一、维生素

1.维生素概述

(1)定义

维生素是维持人体正常生理功能所必需的一类微量低分子有机化合物,人体不能合成或者合成量不足,每天必须从食物中获得。

(2)维生素的命名

维生素的命名方式有三种。

① 按照发现的历史顺序,以英文字母顺序命名,分别叫维生素 A、维生素 B、维生素 C、维生素 D 等。

② 按照维生素的生理功能命名,如抗坏血酸、抗干眼病维生素、抗凝血维生素等。

③ 按照维生素的化学结构命名,如视黄醇、硫胺素、核黄素等。

这几种命名方式,现在都在用。

(3)分类

维生素一般按溶解性质进行分类,一类是脂溶性维生素,包括维生素 A、维生素 D、维生素 E、维生素 K;另一类是水溶性维生素,包括维生素 B 族和维生素 C。

(4)维生素缺乏与过量

维生素不参与机体的构成,也不提供能量,人体的需要量不大,但是维生素在物质代谢、能量代谢及其他生命活动中承担着重要的作用,如果体内维生素量不足,会造成各种健康问题,称为维生素缺乏症。轻度缺乏会出现容易疲劳、抵抗力减弱等亚健康状态,如果长期缺乏,会出现各种特征性的疾病。

维生素缺乏一般由以下几种原因造成。

① 膳食中的供给量不足。如膳食中的含量低,加工、储存、烹调时损失,都会导致供

给量不足。

② 人体吸收利用率低。人体消化系统功能障碍，如胆汁分泌减少，会影响脂溶性维生素的吸收。

③ 人体需要量相对增加，特殊人群，如孕妇、儿童、特殊环境工作人群，对某种维生素的需要量会相对增加，如果不能及时补充，就会造成维生素的缺乏症。

维生素不是补品，补充维生素应该有的放矢，需要什么补什么，缺多少补多少，不是越多越好。水溶性维生素可以随尿液排出体外，不容易在体内积累，不容易造成中毒；但脂溶性维生素，如果长期大量摄入，可以在体内累积，主要是在肝脏累积，造成中毒症状。

2. 维生素 A

维生素 A 也叫视黄醇，有两种主要的活性形式，一种是维生素 A_1，主要存在于海水鱼的肝脏、蛋黄、乳脂当中；另一种是维生素 A_2，主要存在于淡水鱼的肝脏，它的活性是维生素 A_1 的 40%。视黄醇末端羟基可以被氧化成醛基（视黄醛）或者羧基（视黄酸）。视黄醇、视黄醛和视黄酸在体内可以相互转化。

（1）维生素 A 的功能

维生素 A 有两个主要功能。

① 维持正常的视觉功能，特别是暗视觉。

人体从亮处进入暗处时，一开始往往看不清任何东西，经过一段时间适应后，才能慢慢看清楚暗处的东西，这个过程称为暗适应。暗适应需要的时间长短跟光照的强度、时间等因素有关，也跟体内的维生素 A 的含量有关，维生素 A 含量不足，暗适应的时间就会延长，甚至在暗处看不清东西，过去称之为雀目症，现在叫夜盲症。

② 维持上皮细胞的正常生长与分化。

人体与外界接触的部位，如皮肤、呼吸道、消化道黏膜等，都有上皮细胞，是人体抵御外界病毒、细菌入侵的天然屏障。维生素 A 不足或者缺乏，会使人体抵抗力下降，特别是儿童，容易发生呼吸道感染，或者腹泻等。

维生素 A 还有促进生长发育、抗氧化、维持正常免疫等功能。

（2）维生素 A 的食物来源

维生素 A 主要存在于动物肝脏中，尤其是海水鱼的肝脏中。从鲨鱼、鳕鱼等深海鱼类的肝脏中提炼的鱼肝油，主要功效成分就是维生素 A。其他动物肝脏，如猪肝，鹅肝等，也是维生素 A 的主要来源。中国古代用羊肝、猪肝等治疗雀目症。其他的动物性食品，如全奶、奶油、禽蛋等，也含有维生素 A。

植物性食品一般不含维生素 A。植物性食品中含有类胡萝卜素，其中有一部分如 α-胡萝卜素、β-胡萝卜素、γ-胡萝卜素、玉米黄素等，在体内可以转变为视黄醇或者视黄醛，称为维生素 A 原。β-胡萝卜素转化效率最高，而且相对比较稳定，因此是最好的维生素 A 原。类胡萝卜素主要存在于深绿色或者红黄色的蔬菜水果中，如西兰花、菠菜、胡萝卜、西红柿、红薯、南瓜、芒果、柿子等。

（3）维生素 A 的推荐摄入量

动物性食品可以提供维生素 A，植物性食品可以提供维生素 A 原。

人体所需的维生素 A 量常用视黄醇当量表示。β-胡萝卜素在体内转化为维生素 A 的转换率为 1/6，所以摄入 6μg β-胡萝卜素相当于 1μg 维生素 A，即 1μg β-胡萝卜素＝0.167μg

视黄醇当量。1μg 其他维生素 A 原＝0.084μg 视黄醇当量。

我国成人维生素 A 的推荐摄入量是男性：800μg/d，女性：700μg/d。维生素 A 的可耐受最高摄入量是成年人：3000 μg/d，孕妇：2400μg/d，儿童：2000μg/d。

（4）维生素 A 的缺乏与过量

维生素 A 缺乏，会导致暗适应时间延长，严重时出现夜盲症，也会影响泪液的分泌，出现干眼病，因此维生素 A 也叫抗干眼病维生素。缺少维生素 A 会导致上皮干燥、增生及角质化。儿童缺乏维生素 A 导致生长发育迟缓。

维生素 A 缺乏的原因有多种。

① 疾病引起。高热会加快维生素 A 的分解，消化道疾病影响维生素 A 的吸收。

② 饮酒影响维生素 A 的吸收和代谢。

③ 用眼疲劳导致维生素 A 的消耗过多，容易引起维生素 A 的缺乏。

④ 新生儿未及时补充维生素 A 导致缺乏。孕妇体内的维生素 A 不能通过胎盘屏障进入胎儿体内，新生儿体内的维生素 A 储存量较低，如果不能及时补充容易出现缺乏。

维生素 A 是脂溶性维生素，不能随尿液排出体外，如果长期大量摄入维生素 A，容易在体内蓄积，造成中毒。如果一次摄入量太大，成年人超过了每日推荐摄入量的一百倍，儿童超过了每日推荐摄入量的 20 倍，就会出现急性中毒。如果摄入的维生素 A 超过了每日推荐摄入量的十倍以上，就会产生慢性中毒。维生素 A 的慢性中毒更为常见，症状包括头痛、食欲降低、脱发、皮肤瘙痒、肝脏肿大。维生素 A 的过量，一般由过多服用维生素 A 补充剂引起，普通食物摄入不会造成维生素 A 的过量。

3. 维生素 D

维生素 D 是一种重要的脂溶性维生素，有两种活性形式：维生素 D_2 和 D_3。维生素 D_2 可由植物中的麦角固醇经紫外线照射后转化而来，维生素 D_3 可以由皮下的 7-脱氢胆固醇经紫外线照射后转化而来。维生素 D_3 的活性要大于维生素 D_2。

（1）维生素 D 的功能

维生素 D 促进小肠对钙和磷的吸收、转运，促进肾小管对钙和磷的重吸收，维持血液中正常的钙、磷浓度，促进骨骼和牙齿的正常生长。近年来的研究显示，维生素 D 具有调节细胞增殖、分化等多种功能。

（2）维生素 D 的食物来源

维生素 D 主要存在于动物性食品中。动物肝脏（特别是海水鱼肝脏）及蛋黄中富含维生素 D。牛奶、蔬菜、水果、谷物类等植物性食品中维生素 D 含量很少。鱼肝油制剂中富含维生素 A 和维生素 D。经常晒太阳也可获得充足的维生素 D，因此维生素 D 也被称作阳光维生素。

（3）维生素 D 的推荐摄入量

维生素 D 既可以来源于食物，也可以来源于日照条件下的皮肤合成，因此很难确定维生素 D 的膳食供给量。目前营养学会推荐的参考摄入量是，少年儿童、孕妇、哺乳期妇女、老人：10μg/d，16 岁以上成年人：5μg/d，最高可耐受摄入量：20μg/d。

（4）维生素 D 的缺乏与过量

膳食中维生素 D 含量不足、消化吸收功能障碍以及日照不足，都可能引起维生素 D 的缺乏。维生素 D 缺乏影响钙、磷代谢，影响骨骼和牙齿的正常生长。

维生素 D 缺乏可导致如下特征病。

①佝偻病。主要发生在儿童当中。

②骨质软化症。主要发生在成年人中，主要表现是骨质软化，容易变形。

③骨质疏松症。主要发生在老年人中，主要症状是骨骼变脆、容易骨折。

④手足痉挛症，也叫抽筋。主要表现为肌肉痉挛、小腿抽筋等。

摄入维生素D过多也会引起中毒。中毒症状主要有食欲不振、体重减轻、恶心呕吐、腹泻等，也会因为血清钙、磷升高，发展成动脉、心肌、肺、肾、气管等软组织转移性钙化和肾结石，严重的可导致死亡。

4. 维生素 E

维生素E也叫生育酚，最初是在研究动物的生殖功能时发现的，缺少维生素E会影响实验动物的正常生殖功能。维生素E包括八种化合物，其中α-生育酚活性最高。

（1）维生素E的功能

维生素E的主要功能如下。

① 维持动物体的正常生育功能。临床上使用维生素E来辅助治疗先兆流产和习惯性流产。

② 抗氧化作用。氧自由基是体内的不安定分子，随着年龄的增加、体内代谢环境因素的影响而产生，氧自由基浓度升高，导致细胞膜损伤、蛋白质氧化损伤、DNA损伤、基因突变等一系列的变化，最终导致疾病的发生和机体的衰老。维生素E作为抗氧化剂，可以清除体内的氧自由基，保护机体的正常功能、防止衰老、提高免疫力。

（2）维生素E的食物来源

维生素E在自然界分布广泛。各种植物油，包括麦胚油、向日葵油、玉米油、大豆油、花生油等富含维生素E。各种坚果、豆类以及谷物的胚芽部分也富含维生素E。蛋类、肉类、鱼类以及一般的水果、蔬菜中维生素E含量少。维生素E很容易被氧化，在食物的储存、加工过程中，容易造成维生素E的损失。

（3）维生素E的推荐摄入量

维生素E的推荐摄入量，成人：14 mg总生育酚/d。摄入较多的能量或多不饱和脂肪酸时，需要增加维生素E的补充。

（4）维生素E的缺乏与过量

维生素E在食物中分布广泛，很少出现缺乏。低体重早产儿、脂肪吸收障碍患者可能出现维生素E的缺乏。缺少维生素E时可能出现视网膜病变、溶血性贫血、神经肌肉退行性病变等症状；也可能使某些癌症、动脉粥样硬化、白内障等疾病风险增加。

在脂溶性维生素中，维生素E的毒性比较小。大剂量服用维生素E，如每天超过800mg，可能出现中毒症状，表现为短期的胃肠不适、肌无力、视觉模糊等，因此维生素E的每日摄入量应不超过400mg为宜。

5. 维生素 K

（1）维生素K的功能

维生素K的主要功能是促进肝脏合成凝血酶原，促进凝血，因此维生素K也有促凝血维生素之称。

（2）维生素K的食物来源

绿色蔬菜、鱼肉、猪肝、蛋黄等是维生素K的食物来源。人体肠道的细菌也可以合成一部分维生素 K。

（3）维生素 K 的缺乏与过量

维生素 K 分布广泛，很少发生缺乏。胃肠道疾病导致吸收障碍或者新生儿可能发生维生素 K 的缺乏。大剂量摄入维生素 K 的衍生物可能引起肝肾损伤。

6. 维生素 B 族

维生素 B 族是一类结构、功能各不相同，在功能上有相关性，都可以作为辅酶或者辅酶的组成成分参与体内代谢的维生素的总称。维生素 B 族包括 8 种结构功能各不相同的维生素：维生素 B_1（硫胺素）、维生素 B_2（核黄素）、维生素 B_3（烟酸）、维生素 B_5（泛酸）、维生素 B_6（吡哆素）、维生素 B_7（生物素）、维生素 B_{11}（叶酸）、维生素 B_{12}（钴胺素），都是辅酶的组分，参与代谢。下面主要介绍维生素 B_1 和维生素 B_2。

（1）维生素 B_1

维生素 B_1 也叫硫胺素，分子内既含硫又含氨基。维生素 B_1 比较耐热，在干燥条件下和酸性环境中不易被氧化，在中性和碱性环境中容易被氧化。维生素 B_1 对于亚硫酸盐特别敏感，所以保存谷类、豆类的粮仓不能用亚硫酸盐作为防腐剂，也不能用 SO_2 熏蒸。

有些食物如软体动物和鱼类的肝脏中含硫胺素酶，会破坏硫胺素，但加热以后，硫胺素酶可以失活。

1）维生素 B_1 的主要功能

维生素 B_1 的主要功能是作为辅酶参与糖代谢，所以多食糖类食物，如淀粉，对维生素 B_1 的需要量也相应增加。另外维生素 B_1 可以抑制胆碱酯酶的活性，从而抑制乙酰胆碱的分解。乙酰胆碱，是体内重要的神经递质，可以促进胃肠道的蠕动和消化液的分泌，因此维生素 B_1 具有维持正常的消化腺分泌和胃肠道蠕动、促进消化的功能。

2）维生素 B_1 的食物来源

维生素 B_1 在食物中分布广泛，含量丰富的食物有谷物类、豆类、坚果类、动物内脏、瘦肉、蛋类。日常膳食中的维生素 B_1 主要来自谷物类食物。维生素 B_1 主要存在于谷物的表皮和胚芽中，在谷物的加工中容易丢失，因此过度加工的米、面会使维生素 B_1 大量丢失。维生素 B_1 易溶于水，在碱性条件下受热易分解，因此反复淘洗或加碱，都易造成维生素 B_1 的损失。

3）维生素 B_1 的推荐摄入量

中国营养学会推荐的维生素 B_1 摄入量：成年男性 1.4mg/d，女性 1.3mg/d；可耐受的最高摄入量是 50mg/d。

4）维生素 B_1 的缺乏与过量

造成维生素 B_1 缺乏的原因可能有以下几种。

① 摄入不足，如长期食用精加工的米、面，可能造成维生素 B_1 的缺乏。

② 妊娠和哺乳期、高温环境下工作、精神紧张、压力大等，对维生素 B_1 的需要量会增加，如果不能及时补充，容易造成维生素 B_1 的缺乏。

③ 肝损伤、酗酒、长期腹泻等，有可能造成维生素 B_1 的吸收和利用障碍。

④ 喜欢饮用茶和咖啡，也容易造成维生素 B_1 的缺乏，因为茶和咖啡中含有多羟基酚，容易使维生素 B_1 氧化失活，长期食用可能造成缺乏。

维生素 B_1 缺乏，容易造成脚气病和消化不良。维生素 B_1 缺乏导致糖代谢受阻，丙酮酸积累而出现多发性神经炎，严重的时候会出现肢端麻木、心力衰竭、四肢无力、肌肉萎缩、下肢浮肿等，在临床上就称为脚气病。所以维生素 B_1 也称为抗神经炎维生素。脚气病其实是一种神经血管受到损伤的疾病，有多种分型，如根据年龄差异，分为成人型脚气病和婴儿型脚气病，产生原因不同，表现症状也不同。成人型脚气病又可以根据症状不同分为干性、湿性、混合型脚气病等多种亚型。干性脚气病，主要以多发性神经炎症状为主，表现为指趾麻木、肌肉酸痛等。湿性脚气病以水肿和心脏症状为主，表现为心悸、气促、心动过速、水肿等。

维生素 B_1 作为水溶性维生素，一般不会出现过量中毒的症状，只有短时间服用量超过每日推荐摄入量的一百倍时才有可能出现头痛、惊厥、心律失常等症状。

（2）维生素 B_2

维生素 B_2 也叫核黄素，在中性和酸性溶液中对热稳定，在碱性溶液中很容易被破坏。游离型的核黄素对光敏感，如牛奶在日光下两个小时，其中的核黄素就会被破坏一半。结合型的核黄素对光比较稳定，一般食物中的核黄素都是结合型的。

1）维生素 B_2 的功能

维生素 B_2 的主要功能是作为脱氢酶的辅酶，广泛参与体内的物质代谢和能量代谢，可以促进机体正常的生长发育，维持皮肤、黏膜、视觉等的正常功能。作为辅酶，维生素 B_2 还参与其他 B 族维生素（烟酸和维生素 B_6）的合成。维生素 B_2 还参与体内的抗氧化防御系统、药物代谢以及提高机体对环境的应激适应能力等。

2）维生素 B_2 的食物来源

维生素 B_2 广泛存在于各类食品中，一般在动物性食品中的含量要高于植物性食品，动物的肝脏、肾脏、心、蛋黄、乳类等中含量尤为丰富，植物性食品，以绿色蔬菜、豆类中含量比较高，谷物类和一般的蔬菜中含量较少。

3）维生素 B_2 的推荐摄入量

中国营养学会推荐的维生素 B_2 摄入量为：成年男性 4mg/d，女性 1.2mg/d。机体对维生素 B_2 的需要量，与机体能量代谢和蛋白质的摄入量有关，能量需要量增加、生长加速期、创伤修复期、儿童、孕妇、哺乳期妇女等的维生素 B_2 的供给量应适当增加。

4）维生素 B_2 的缺乏与过量

维生素 B_2 的缺乏，是我国常见的营养素缺乏症，常常会伴随其他 B 族维生素的缺乏。摄入不足或者酗酒是造成维生素 B_2 缺乏的主要原因。疾病、药物、内分泌失常等均可干扰维生素 B_2 的利用，造成维生素 B_2 的缺乏。

缺乏维生素 B_2，眼、口腔、皮肤等会出现炎症。眼表现为眼结膜充血、畏光、视物模糊、流泪等。口腔表现为口角炎、唇炎、舌炎等。皮肤表现为脂溢性皮炎等。

维生素 B_2 的缺乏，常常伴随其他营养素的缺乏，会影响烟酸和维生素 B_6 的代谢，影响铁的吸收和储存，严重时会导致贫血。妊娠期缺乏，还会影响胎儿发育，导致胎儿骨骼畸形。

作为水溶性维生素，维生素 B_2 一般不会出现过量中毒的症状。

7. 维生素 C

维生素 C 也称抗坏血酸，有 L-型、D-型两种异构体，只有 L-型抗坏血酸有活性。维生素 C 性质非常不稳定，很容易被氧化，遇到空气、热、光、碱性物质、重金属离子（铁、铜等），都会加速氧化。

（1）维生素 C 的主要功能

维生素 C 的主要功能如下。

① 抗氧化作用。维生素C很容易被氧化，因此是很强的抗氧化剂。

② 作为羟化酶的辅酶，促进脯氨酸、赖氨酸的羟化。羟脯氨酸、羟赖氨酸是胶原蛋白的组分，因此维生素C可以促进胶原蛋白合成。胶原蛋白是细胞外基质的主要成分，存在于皮肤、软骨等结缔组织中，有促进伤口愈合、止血等作用。

③ 促进机体对铁、钙和叶酸的吸收。

④ 清除氧自由基，抗衰老。

⑤ 解毒。维生素C可以促进汞、砷、铅等重金属以及苯等有毒有害物质排出体外。

（2）维生素C的食物来源

维生素C的主要来源是新鲜的蔬菜水果，一般叶菜类含量高于根茎类，酸味水果含量高于无酸味水果。辣椒、西红柿、油菜、卷心菜、芥菜等蔬菜，樱桃、石榴、柑橘、柠檬、草莓等水果中维生素C含量丰富。谷类、豆类中维生素C含量比较少。维生素C性质很不稳定，烹饪、保存时特别容易被破坏。

（3）维生素C的推荐摄入量

中国营养学会推荐的维生素C成年人摄入量为100mg/d，可耐受的最高摄入量≤1000mg/d。在高温、寒冷和缺氧条件下工作的人员，经常接触铅、汞、苯等有毒物质的人员，孕妇和哺乳期妇女，都应适当增加维生素C的摄入。

（4）维生素C的缺乏与过量

摄入不足是造成维生素C缺乏的主要原因。维生素C缺乏的早期症状，主要表现为全身乏力、食欲减退、伤口愈合慢等，严重的会导致坏血病。儿童主要表现为骨发育障碍、肢体肿痛、假性瘫痪、皮下出血；成年人则表现为齿龈肿胀、出血，皮下瘀点，关节以及肌肉疼痛，毛囊角化等。

维生素C毒性很低，但是长期过量摄入，容易导致泌尿系统结石。因为维生素C的代谢产物是草酸，容易与钙形成不溶性的草酸盐。

以上常见维生素的情况归纳为表1-2-1。

表1-2-1　常见维生素

维生素		功能	食物来源	推荐摄入量	缺乏或过量时主要症状	
脂溶性维生素	A	维持正常的视觉功能，维持上皮细胞的正常生长与分化	动物肝脏，如深海鱼的肝脏、猪肝等；含维生素A原的蔬菜水果，如胡萝卜	男：800μg/d，女：700μg/d	缺乏	夜盲，干眼病，皮肤损伤
					过量	头痛、食欲降低、脱发、皮肤痒、肝脏肿大
	D	调节钙、磷代谢，促进骨骼和牙齿生长	动物肝脏，如深海鱼的肝脏、蛋黄	5μg/d	缺乏	佝偻病，骨质软化症，骨质疏松
					过量	出现食欲不振等中毒症状，血清钙磷升高
	E	维持动物体的生育功能，抗氧化	各种植物油，如花生油等；各种坚果、豆类及谷物的胚芽部分	14mg/d	缺乏	视网膜病变，神经肌肉退行性病变
					过量	短期胃肠不适、肌无力、视觉模糊
	K	促进肝脏合成凝血酶原，促进凝血	绿色蔬菜、鱼肉、猪肝、蛋黄		缺乏	血凝结作用的丧失
					过量	肝肾损伤

续表

维生素		功能	食物来源	推荐摄入量	缺乏或过量时主要症状	
水溶性维生素	B₁	作为辅酶参与糖代谢,抑制乙酰胆碱的分解	谷物类、豆类、坚果类、动物内脏、瘦肉、蛋类	男:1.4mg/d,女:1.3mg/d	缺乏	脚气病,消化不良
					过量	一般不会出现过量中毒
	B₂	作为辅酶参与物质代谢和能量代谢,抗氧化	动物的内脏、蛋黄、乳类;绿色蔬菜、豆类	男:4mg/d,女:1.2mg/d	缺乏	眼、口腔、皮肤等的炎症反应
					过量	一般不会出现过量中毒
	C	抗氧化,促进胶原蛋白的合成,促进钙铁的吸收,解毒	新鲜的蔬菜水果	100mg/d	缺乏	坏血病
					过量	泌尿系统结石

二、矿物质

人体含有各种元素。目前在自然界中发现的 92 种天然元素,在人体中几乎都能检测到,见图 1-2-1。不同个体中所含元素的种类和数量,跟个体生存的环境和饮食有关。在这些元素中,除了碳、氢、氧、氮以有机化合物(碳水化合物、脂肪、蛋白质)的形式存在于体内外,其余元素统称为矿物质(或无机盐或灰分)。根据目前对矿物质的研究,20 多种元素被认为是对人体有益的、必需的,参与机体的构成、代谢和其他生理功能。

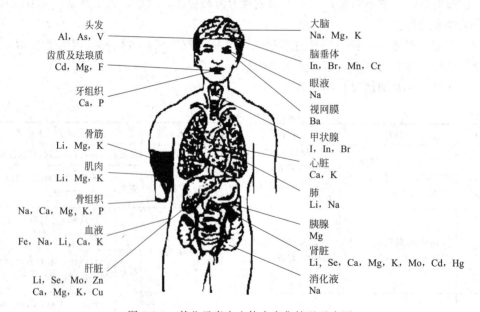

图 1-2-1　某些元素在人体中富集情况示意图

矿物质通常按照元素在体内含量的多少分为常量元素和微量元素两大类。常量元素是指含量大于体重 0.01% 的元素,包括钙、磷、钠、钾、氯、镁、硫等。微量元素指含量小于体重 0.01% 的元素。假设一个人体重为 50kg,他体重的 0.01%,大概就是 5g,所以微量元素在人体当中的含量都在毫克水平,甚至更低。

在各种微量元素中，有些是人体正常生命活动必不可少的，称为必需微量元素，包括铜、铁、锌、硒、铬、碘、钴、钼等。有些可能是人体必需的，包括锰、硅、镍、硼、钒等，称为可能必需微量元素。有些在低剂量时可能具有一定功能，但是剂量大了，可能具有潜在的毒性，这些就称为潜在毒性的微量元素，包括氟、铅、镉、汞、砷、铝、锡、锂。

下面介绍钙、铁、锌、硒、碘。

1. 钙

钙是人体中含量最高的一种矿物质。成人体内总的钙含量大约为 1.2kg，占人体重的 1.5～2%，因此钙属于常量元素。大约 99% 的钙，以结晶的形式存在于骨骼和牙齿中，其余 1% 以离子形式即可溶性的钙存在于其他组织中。可溶性钙与骨骼中的钙保持动态平衡，骨骼中的钙可以从骨骼中释放出来维持血钙浓度稳定，可溶性的钙也可以沉积到骨骼中，促进骨骼生长，故骨骼中的钙是处在不断更新中的。更新速度随年龄增长而减慢，儿童每 1～2 年更新一次，成年后每 10～12 年更新一次。

（1）钙的生理功能

钙的主要生理功能如下。

① 构成骨骼和牙齿的主要成分。骨骼和牙齿中的钙，主要以磷酸盐形式存在。

② 维持神经和肌肉的正常活动，调节神经和肌肉的兴奋性。因此血钙浓度太低，会导致手足抽搐（抽筋）和惊厥；血钙浓度过高，则可能引起心脏和呼吸衰竭。

（2）钙的吸收

食物中的钙主要在小肠中被吸收。

人体对食物中钙的吸收率，受到多种因素的影响。

① 受到年龄的影响，年龄增加，吸收率下降。婴儿对钙的吸收率大约为 50%，儿童大约为 40%，成年人下降到 20% 左右，而老年人大约只有 15%。女性在孕期和哺乳期对钙的吸收率会增加到 30%～60%。

② 食物本身的影响。食物有些成分会抑制钙的吸收。谷物和蔬菜中的草酸、植酸，可以跟钙形成难溶的钙盐，影响钙的吸收。如果烹调前用开水焯一下，则可以去掉大部分的植酸和草酸。膳食纤维当中含有糖醛酸，也会影响到钙的吸收。脂肪中释放出来的脂肪酸，也会影响钙的吸收。也有一些因素，可以促进食物中钙的吸收。糖发酵产生的乳酸，可以促进钙的吸收。蛋白质分解产生的某些氨基酸，如赖氨酸、色氨酸、组氨酸、精氨酸等可以促进钙的吸收。

③ 其他影响因素还有，维生素 D 促进钙的吸收，有些药物（黄连素、四环素等）影响钙的吸收，缺少运动、日照不足等影响钙的吸收。

（3）钙的食物来源

不同食物中钙的含量差异很大。含钙丰富的食物有虾皮、虾米、紫菜、海带等水产品，豆制品，乳制品，黑芝麻以及部分绿色蔬菜，见表 1-2-2。谷物类和畜肉类中含钙量一般比较低。需要注意的是，不同食物中钙的吸收利用率差别也很大，评价其营养价值，不仅要看其钙的含量，也要看其钙的吸收利用率，如乳制品当中不仅钙的含量高，而且吸收利用率也高，因此属于优质钙源；而蔬菜当中虽然钙的含量也很高，但是吸收利用率比较低，不是好的钙源。

表 1-2-2　含钙丰富的食物

食物	含量	食物	含量	食物	含量
虾皮	991[①]	苜蓿	713	酸枣	435
虾米	555	荠菜	294	花生仁	284
河虾	325	雪里蕻	230	紫菜	264
泥鳅	299	苋菜	187	海带（湿）	241
红螺	539	乌塌菜	186	黑木耳	247
河蚌	306	油菜苔	156	全脂牛乳粉	676
鲜海参	285	黑芝麻	780	酸奶	118

① 数值表示 100g 食物中含有多少 mg 的钙。

（4）钙的缺乏

不同年龄段人群都可能缺钙，缺钙的表现症状有所不同，见表 1-2-3。处于生长发育期的儿童对钙的需求量大，不注意补充，容易造成缺钙。儿童缺钙会导致生长发育迟缓，牙齿、骨骼发育不良，严重时会产生佝偻病，出现"O"形腿或者"X"形腿、鸡胸等症状。中老年人随年龄增加，对食物中钙的吸收下降，也容易出现缺钙症状，特别是中老年妇女，因为雌激素水平下降，钙的流失加快，更容易导致缺钙，引发骨质疏松症。据称，目前全世界大约有 2 亿人患骨质疏松症，其发病率已跃居世界各地常见病的第七位。轻度缺钙会引起神经肌肉的兴奋性增加，出现抽搐症状。

表 1-2-3　不同年龄段人群缺钙的表现症状

年龄段	缺钙特征及表现症状	
儿童	1.学步晚（在 13 个月后才开始学步）	8."O"形或"X"形腿
	2.指节灰白或有白痕	9.厌食和偏食
	3.经常在刚入睡时多汗	10.鸡胸
	4.白天烦躁，坐立不安，不好照顾	11.抽搐
	5.发生腹痛，但又查不出寄生虫	12.夜惊，夜啼
	6.出牙迟（在十个月才开始长）	13.不易入睡
	7.指关节明显较大，指节瘦小，无力	14.胸骨疼痛
孕产妇	1.骨质增生，经常感到骨头痛	5.牙齿松动
	2.骨质软化，常感到四肢无力，不能负重	6.腰酸腿痛
	3.关节疼痛，但又不属关节炎	7.抽筋
	4.经常头晕，贫血和感冒	8.乳汁分泌不足
老人	1.多梦，失眠	6.掉牙
	2.烦躁易怒	7.神经痛
	3.明显出现驼背或身体萎缩	8.关节疼痛
	4.骨质增生，经常感到骨头痛	9.腰酸背痛
	5.骨质疏松，易骨折	10.手足麻木，抽筋

（5）钙的过量

钙是毒性最小的一类元素，但是过量摄入钙也可能产生不良作用，如导致肾结石发病率增加。高钙膳食可能影响其他必需元素，如铁、镁、锌等元素的吸收。中国营养学会推荐，成年人每日膳食中钙的适宜摄入量是 800mg/d。不同人群的适宜摄入量，可能略有差别，见表 1-2-4。钙的可耐受最高摄入量是每天 2000mg/d。

表 1-2-4　不同人群钙的摄入量

不同人群	钙摄入量/（mg/d）	不同人群	钙摄入量/（mg/d）
0～①	300	18～①	800
0.5～①	400	50～①	1000
1～①	600	孕早期	800
4～①	800	孕中期	1000
7～①	800	孕晚期	1200
11～①	1000	哺乳期妇女	1200
14～①	1000		

① 指的是年龄。

2. 铁

铁是人体必需微量元素中含量最高的一种，在人体中的总量约为 4～5g。人体中的铁大约 70％ 为功能铁，主要存在于血红蛋白中，少量存在于肌红蛋白中。其余 30％ 为储备铁，主要以铁蛋白和含铁血黄素的形式存在于肝脏、脾脏和骨髓中。铁也是一种比较容易缺乏的元素，铁缺乏仍然是世界性的主要营养问题之一。

（1）铁的生理功能

铁的生理功能主要包括：参与体内氧的运送和组织呼吸过程、维持正常的造血功能、参与能量代谢。

（2）铁的吸收

铁主要在小肠上部被吸收。

食物中的铁有两种形式，一种是存在于植物性食物当中的非血红素铁，另一种是存在于动物性食物中的血红素铁。铁的不同存在形式，会影响铁的吸收，血红素铁的生物利用率比较高，有效吸收率大约为 40％，非血红素铁的有效吸收率比较低，大约只有 5％～10％。

非血红素铁主要以三价铁的形式与有机物结合，存在于植物性食物当中，必须先在胃酸的作用下，与有机物分开，并由三价铁还原为二价铁，然后与维生素 C、某些单糖、有机酸、部分氨基酸等结合，才能被吸收。

影响非血红素铁的吸收因素很多。

① 植物性食物中存在的植酸、草酸以及多酚类物质等，可以与铁形成不溶性铁盐，影响铁的吸收。

② 维生素 C 可以促进铁的还原，并与铁结合成可溶性的化合物，因此可以促进铁的吸收。

③ 人体对铁的需求状态也会影响铁的吸收。

④ 胃酸缺乏，会影响铁的吸收。

⑤ 钙、乳制品中的钙或大豆蛋白，也可以影响铁的吸收。

⑥ 蛋黄中的卵黄高磷蛋白，可与铁结合形成不溶性的化合物，会影响到铁的吸收。

血红素铁是与血红蛋白、肌红蛋白中的卟啉结合的铁，存在于动物性食品中，可以直接被小肠黏膜吸收。血红素铁的吸收，一般不受其他因素的影响。

在日常膳食中，铁的平均吸收率大约为10%，也就是说大多数的铁不能被有效吸收。缺铁的原因主要是人体对不同食物中铁的吸收率不同。

（3）铁的食物来源

铁的食物来源，动物性食品含血红素铁较多，吸收率高；而植物性食品主要含非血红素铁，吸收率较低。含铁较高的食物，包括动物的肝脏、全血、肉类，以及海带、芝麻、豆类、油菜、芹菜等，见表1-2-5。奶类含铁量较低。

表 1-2-5　含铁丰富的食物

食物	含量	食物	含量	食物	含量
鸭血	30.5[1]	蛏子	33.6	藕粉	41.8
鸡血	25.0	蛤蜊	22.0	黑芝麻	22.7
沙鸡	24.8	刺蛄	14.5	鸡蛋黄粉	10.6
鸭肝	23.1	发菜	99.3	地衣（水浸）	21.1
猪肝	22.6	红蘑	235.1	冬菜	11.4
蚌肉	50.0	冬菇	10.5	苜蓿	9.7

[1] 数值表示 100g 食物中含有多少 mg 的铁。

（4）铁的缺乏

膳食中铁供给不足会导致铁的缺乏。婴幼儿、孕妇及哺乳期妇女容易出现铁的缺乏。铁的缺乏容易导致缺铁性贫血，临床表现包括皮肤苍白，特别是口唇、指甲比较明显，头发枯黄，容易疲倦乏力、不爱动、注意力不集中、记忆力减退、智力偏低、食欲减退，个别甚至有异食癖（如吃土、铁、头发等），见图1-2-2。

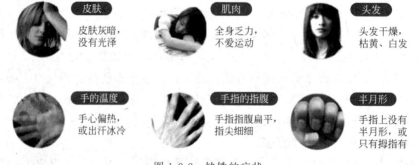

图 1-2-2　缺铁的症状

中国传统饮食有食用猪血、鸭血以及猪肝等动物内脏的习惯，这些都是富含铁的食物，是铁的很好的来源。

（5）铁的参考摄入量

不同人群铁的适宜摄入量不同，见表1-2-6。中国营养学会推荐的适宜摄入量（AI）：成年男子 15mg/d，成年女子 20mg/d。可耐受最高摄入量（UL）为 50mg/d。

表 1-2-6　不同人群铁的适宜摄入量

不同人群	性别	铁摄入量/(mg/d)	不同人群	性别	铁摄入量/(mg/d)
0～①		0.3	18～①	男	15
0.5～①		10		女	20
1～①		12	50～①		15
4～①		12	孕早期		15
7～①		12	孕中期		25
11～①	男	16	孕晚期		35
	女	18			
14～①		20	哺乳期妇女		25

① 指年龄。

3. 锌

锌是人体中一种重要的必需微量元素，总量大约为 2～3g。锌在体内分布广泛，分布于人体几乎所有的组织、器官和细胞。血清中锌的含量为 $100～140\mu g/100mL$；头发中锌的含量为 $125～250\mu g/g$

（1）锌的生理功能

人体内有 200 多种含锌酶，包括超氧化物歧化酶、核酸酶、乳酸脱氢酶等。锌广泛参与各种物质代谢，如蛋白质、核酸的合成。因此，锌与生物体的生长发育、智力发育、免疫功能、生殖等几乎所有生理活动都密切相关。另外，锌还有一些非酶功能，可以与唾液蛋白结合形成味觉素，促进食欲，所以缺锌会影响到味觉和食欲。锌对皮肤和视力具有保护作用，缺锌可以引起皮肤粗糙和上皮角质化；缺锌会导致眼房水减少，眼组织抗氧化能力降低，引起视网膜病变、视神经萎缩。

（2）锌的食物来源与吸收

锌的食物来源比较广泛，普遍存在于各种食物中。通常，动物性食品含锌丰富，而且吸收率比较高，特别是贝壳类的海产品，如牡蛎、鲱鱼、扇贝等，如表 1-2-7 所示。畜肉类以及动物内脏含锌量也比较高。植物性食品，如豆类、谷物类的胚芽部分、燕麦、花生等也富含锌，蔬菜、水果一般含锌较低。植物性食品中普遍存在的植酸、草酸、膳食纤维等容易跟锌形成不易溶解的化合物，影响锌的吸收。

表 1-2-7　含锌丰富的食物

食物	含量	食物	含量	食物	含量
小麦胚粉	23.4①	山羊肉	10.42	鲜赤贝	11.58
花生油	8.48	猪肝	5.78	红螺	10.27
黑芝麻	6.13	海蛎子肉	47.05	牡蛎	9.39
口蘑、白菇	9.04	蛏干	13.63	蚌肉	8.50
鸡蛋黄粉	6.66	鲜扇贝	11.69	章鱼	5.18

① 数值表示 100g 食物中含有多少 mg 的锌。

（3）锌的缺乏与过量

膳食中长期缺乏动物性食品，或者处于生长发育旺盛时期，容易出现锌的缺乏。儿童缺锌主要表现为挑食、厌食、出现异食癖、发育迟缓、甚至停滞，严重时会导致侏儒症。孕妇缺锌可致胎儿畸形。成年人长期缺锌，可导致免疫力下降、皮肤粗糙等。

表 1-2-8　不同人群锌的推荐摄入量

不同人群	性别	锌摄入量/(mg/d)	不同人群	性别	锌摄入量/(mg/d)
0～[①]		1.5	18～[①]	男	15
0.5～[①]		8.0		女	11.5
1～[①]		9.0	50～[①]		11.5
4～[①]		12.0	孕早期		11.5
7～[①]		13.5	孕中期		16.5
11～[①]	男	18.0	孕晚期		16.5
	女	15.0			
14～[①]	男	19.0	哺乳期妇女		21.5
	女	15.5			

① 指年龄。

一般情况下，不会出现锌的中毒，但是长期、大量补充锌可能导致中毒。

锌的参考摄入量（AI）：男性 15mg/d，女性 12mg/d。可耐受最高摄入量（UL）：男性 45mg/d，女性 37mg/d。处于生长发育期的青少年、孕妇和哺乳期妇女对锌的需求量比较高，具体见表 1-2-8。

4. 硒

在人体所需的各种必需微量元素中，硒是比较特别的一种。1957 年我国的科学工作者首先提出了克山病与缺硒有关的报告，并进一步明确了硒是人体必需的微量元素。克山病是一种以心肌病变为主的地方性心肌病，1935 年首先在黑龙江省克山县发现，故以克山病命名，目前年发病率已降至 0.07 每 10 万人以下。硒缺乏是发生克山病的重要原因。克山病主要发生在山区和丘陵地区，易感人群为 2～6 岁的儿童和育龄妇女。这些地方的土壤中硒元素含量偏低，导致膳食中硒的摄入量不足，是发生克山病的主要原因。克山病以多发性灶状心肌坏死为主要特征，伴有心脏扩大、心功能不全和心律失常，严重的会发生心源性休克或心力衰竭。在缺硒地区用亚硒酸钠进行硒的补充，可有效降低克山病的发生。

（1）硒的主要生理功能

硒在人体中的总量大约为 14～20mg，分布广泛，只是在脂肪组织中含量比较低。硒的主要生理功能有以下几种。

① 作为谷胱甘肽过氧化物酶的主要成分，清除体内过氧化物和氧自由基，保护机体。过氧化物和氧自由基是一种不安定的因素，容易对机体产生损伤，随着年龄的增加以及外界有毒有害物质的影响，在体内会逐渐增加。

② 保护心血管和心肌的健康。缺硒会导致以心肌损伤为特征的克山病。

③ 有对重金属的解毒作用。硒与金属有较强的亲和力，可以与体内的重金属，如汞、镉、铅等结合，从而促进有毒重金属排出体外。

④ 硒还具有促进生长、保护视觉、增强免疫力、抗肿瘤等功能。

（2）硒的食物来源和吸收

食物中的硒含量，受到食物产地含硒量的影响，通常海产品和动物内脏中含硒比较多；畜禽肉类、谷物和大蒜中也有较多的硒，具体见表 1-2-9。一般的蔬菜含硒量很少。

表 1-2-9 含硒较高的食物

食物	含量	食物	含量	食物	含量
鱼子酱	203.09①	鳕鱼	24.8	花豆(紫)	74.06
海参	150.00	猪肝(卤煮)	28.70	白果	14.50
牡蛎	86.64	猪肾	111.77	豌豆	41.80
蛤蜊	77.10	瘦牛肉	10.55	扁豆	32
青鱼	37.69	干蘑菇	39.18	甘肃软梨	8.43

① 数值表示 100g 食物中含有多少 μg 的锌。

（3）硒的缺乏与过量

环境土壤中硒缺乏的地区容易发生硒缺乏，缺硒是发生克山病、大骨节病的主要原因。

大骨节病也叫卡斯汀钦·贝克病，是一种地方性软骨骨关节畸形病，是以软骨坏死为主的变形性骨关节病，主要发生在青少年期，影响骨骼与关节系统，导致关节增粗、疼痛，肌肉松弛萎缩和运动障碍。患者以身材矮小、关节畸形、步态异常（呈典型的跛行，也称鸭步）等为特征。本病尚有"矮人病""算盘子病""柳拐子病"等之称。

摄入过量的硒也会引起中毒。在我国恩施地区，水土中的硒含量偏高，结果导致当地食物中硒含量偏高，引发当地居民慢性硒中毒，主要症状表现为脱发、脱甲、皮肤损伤、神经系统异常等，严重的可致死亡。

（4）硒的参考摄入量

预防克山病的硒最低摄入量，男性 19μg/d，女性 14μg/d。不同人群硒的推荐摄入量见表 1-2-10。

表 1-2-10 不同人群硒的推荐摄入量

不同人群	硒摄入量/(μg/d)	不同人群	硒摄入量/(μg/d)
0～①	15	18～①	50
0.5～①	20	50～①	50
1～①	20	孕早期	50
4～①	25	孕中期	50
7～①	35	孕晚期	50
11～①	45	哺乳期妇女	65
14～①	50		

① 指年龄。

5. 碘

碘是必需微量元素，人体中的含量大约为 20～50mg，其中大部分存在于甲状腺组织中，占 70%～80%。

（1）碘的生理功能

碘的主要生理功能就是参与合成甲状腺素。甲状腺素是人体重要的激素，主要作用是促进体内各种物质的代谢，包括糖、脂类、蛋白质代谢。因此碘与机体的生长发育，包括胚胎发育、智力发育密切相关。

（2）碘的食物来源

碘的食物来源，主要是各种海产品，如海带、紫菜等，一般的植物性食品中含碘量比较低。

（3）碘的缺乏与过量

长期的碘摄入不足，可致碘缺乏，引起甲状腺肿大，也叫大脖子病。孕妇严重缺碘，可影响胎儿神经、肌肉的发育，引起胎儿死亡率上升。婴幼儿时期缺碘，可引起生长发育迟缓、智力低下，严重的会发生呆小症，也叫克汀病。我国从1975年起，通过在食盐中加碘，预防和治疗碘缺乏病。最初实行的是，病区居民食盐加碘，非病区不加碘的方法。1995年起受到世界性、消除碘缺乏运动的影响，中国开始全民食盐加碘，食盐中的碘含量，从16mg/kg增加到40mg/kg左右。但是碘的摄入也有一定的限量，长期摄入过量的碘可以导致高碘性甲状腺肿，以及甲亢、甲减、甲状腺炎等。也有数据显示，实行全民食盐加碘后，各种甲状腺疾病的发病率有增加的趋势。这可能也与其他补碘产品的出现有关，可能存在重复补碘现象。因此，2010年7月26日，卫生部就食盐碘含量公开征求意见，2011年9月，卫生部发布公告，公布食品安全国家标准，食用盐产品中碘含量的平均水平降为20～30mg/kg。

（4）碘的参考摄入量

不同人群碘的适宜摄入量不同，见表1-2-11，成年人为150μg/d，孕妇和哺乳期妇女适当增加，可耐受的最高摄入量1000μg/d。

表1-2-11 不同人群碘的推荐摄入量

不同人群	碘摄入量/（μg/d）	不同人群	碘摄入量/（μg/d）
0～①	50	18～①	150
0.5～①	50	50～①	150
1～①	50	孕早期	200
4～①	90	孕中期	200
7～①	90	孕晚期	200
11～①	120	哺乳期妇女	200
14～①	150		

① 指年龄。

上述常见的几种矿物质情况可归纳为表1-2-12。

表1-2-12 常见的几种矿物质

矿物质	功能	食物来源	适宜摄入量（成年人）	缺乏或过量时主要症状	
钙	构成骨骼和牙齿的成分，维持神经和肌肉的正常活动	虾皮等海产品，豆制品，乳制品，黑芝麻	800mg/d	缺乏	生长发育迟缓，佝偻病，骨质疏松，轻度缺钙抽搐
				过量	影响其他必需元素的吸收，肾结石发病率增加

矿物质	功能	食物来源	适宜摄入量（成年人）	缺乏或过量时主要症状	
铁	参与体内氧的运送和组织呼吸过程，维持正常的造血功能、参与能量代谢	肝脏、全血、肉类，以及海带、芝麻、豆类、油菜、芹菜等	成年男性为 15mg/d，成年女性 20mg/d	缺乏	缺铁性贫血
				过量	青少年智力发育缓慢，影响胰腺和性腺，心衰，糖尿病，肝硬化
锌	控制代谢酶的要害部位	贝壳类的海产品，畜肉类以及动物内脏	男 15mg/d，女 2mg/d	缺乏	儿童缺锌挑食、厌食、侏儒症，孕妇缺锌可致胎儿畸形，成年人免疫力下降、皮肤粗糙等
				过量	肠胃炎，前列腺肥大，贫血，头昏，高血压，冠心病
硒	谷胱甘肽过氧化酶的重要组成，抑制自由基，解重金属毒	动物内脏、畜禽肉类、谷物、大蒜	男 19μg/d，女 14μg/d。	缺乏	克山病、大骨节病
				过量	硒中毒，主要症状表现为脱发、脱甲、皮肤损伤、神经系统异常等，严重的可致死亡
碘	合成甲状腺素的原料	海产品，加碘盐，奶，肉，水果	150μg/d	缺乏	甲状腺肿大，疲怠，心悸，动脉硬化
				过量	高碘性甲状腺肿，甲亢，甲减，甲状腺炎

【任务拓展】

根据你学到的知识和网络资源，完成以下任务。

1.谈谈烹饪中如何尽可能地降低维生素的损失？举例说明。

2.针对我国居民钙、铁、锌普遍缺乏及地区性碘、硒缺乏问题，设计解决方案。

【知识点小结】

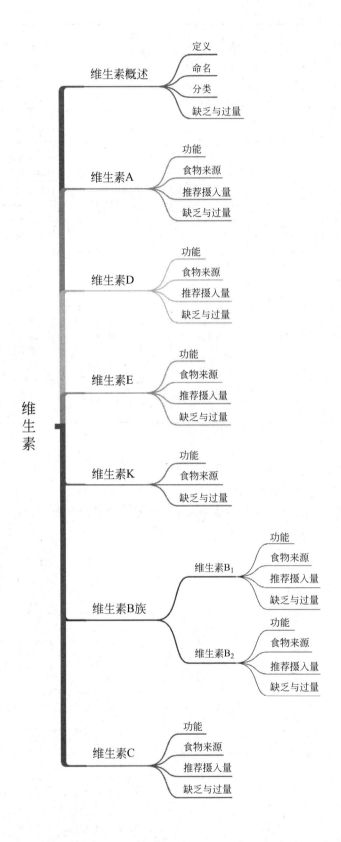

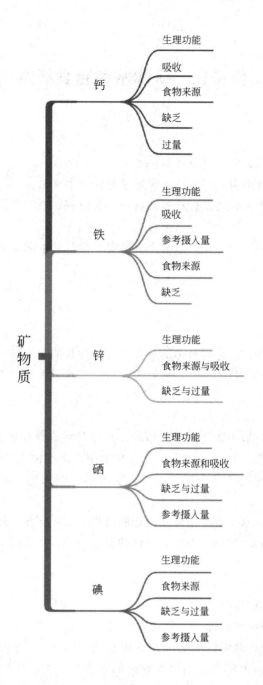

任务三　认知水和膳食纤维

【任务介绍】

以你某天的生活为例，完成以下任务。

1.算一算你当天的饮水量，判断是否满足了身体的水平衡。

2.审视一日三餐是否有富含膳食纤维的食物，如没有，请改进饮食方案。

【任务分析】

学习水和膳食纤维的有关知识，结合个人情况，在日常生活中注意增加水和膳食纤维的摄入，以保证身体健康。

【相关知识】

一、水

水是一类特殊的营养素，它对身体的重要性远超过其他营养素。其他营养素如果没有及时补充，可以存活数周甚至数年。但如果没有及时补充水，可能只能存活几天。

1. 体内的水

生命是从滋养在水环境中的受精卵开始的，慢慢长成高度精密、高度复杂的陆生生物，但身体的很多细胞保存着最原始的状态，存活在水中。水占体重的 $60\%\sim70\%$。不同组织器官的含水量不同。血液绝大部分都是水，含量达 94%。大脑、肾脏、肺部、眼睛和心脏也都含有大量的水。

水的存储是短期的。水一直处于动态流动的过程，不停穿梭于细胞内外，不断从身体溢出，并且随着年龄的增长、肌肉的萎缩，身体的含水量一直在持续下降。

2. 水的功能

水是生命之源，有重要的功能。

① 水是每一个细胞的组成部分，使细胞能够维持特定形态。如果没水，细胞不能形成饱满的状态。以红细胞（图 1-3-1）为例，正常的红细胞有饱满的形态，如果细胞内的水大量流失，细胞会坍塌萎缩。如果细胞大量吸收水分，细胞会发生肿胀，甚至破裂。

② 水是良好的溶剂，它能够溶解葡萄糖、氨基酸等各种物质，给细胞带来所需的各种营养成分，参与各种新陈代谢反应，同时带走细胞产生的各种终产物。

③ 水作为缓冲保护组织器官。例如泪液可以防止眼球干燥，关节液可以减少关节的摩擦、损伤等。

④ 水能作为汗液蒸发，带走热量来调节体温。

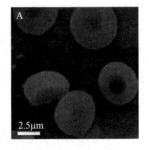

图 1-3-1　红细胞

⑤ 水能帮助润滑肠道，促进食物残渣的排泄。

⑥ 水还能帮助维持 pH 值，通过稀释和浓缩的作用，pH 值可以被调节在特定的范围内。

3. 身体的水平衡

由于尿液的排泄、粪便的排泄、流汗、体表水分的损失等原因，身体每时每刻都会失去一部分的水。如果不补充回这部分水，对身体机能的正常运转是一个很大的威胁。

（1）水的损失

肾脏会清除静脉血所带来的废弃物，连同水一块以尿液的方式排出体外，身体每天必须排出至少 500mL 的尿液，这样才足以带走一天代谢活动所产生的废弃物。如果水的摄入量比较大，肾脏会排出更多的尿液，这样尿液就会被稀释。

水会以汗液的方式在皮肤表面损失，每天损失的量大概为 450～900mL。

水会以蒸气的方式从肺部损失，每天损失的量大概为 350mL。

另外粪便也会大概带走 150mL 的水分。

这几项加起来，身体损失的水分大概为 1500～2800mL。当然水分的损失量取决于环境和身体的状态，平均而言，每日水的损失量大概为 2500mL。

（2）脱水和水中毒

身体如果没有平衡这 2500mL 的水损失，可能出现脱水或水中毒的现象。

当身体流失过多水分，并且没有得到补充，就会出现脱水的现象。脱水（图 1-3-2）的第一个迹象是口渴。当损失水分，没有损失盐分或其他溶质时，血液相当于被浓缩了，血压会降低，血液中的各种分子或颗粒会倾向于从唾液腺中吸出水分，口腔会变得干燥，并且下丘脑会感知到血液浓度提高和血压降低，也会给大脑传输口渴的信号。下丘脑也会给垂体发出信号，释放激素，指导肾脏将水分从尿液返还到血液，并减少尿液的排泄。通常感觉到口渴时，身体已经失水多达两杯的量。口渴的感觉会滞后于水的需要，这时身体会迫切希望得到水

图 1-3-2　脱水

的补充。脱水会带来严重的后果，脱水的身体不会将宝贵的水浪费在汗液上，而会将水尽可能地转移到血液中，以维持支撑生命的血压。同时出汗停止，身体的热量会增加，会带来非常严重的后果。严重的脱水会威胁到生命。

忽略口渴的信号是非常不明智的。即便是仅仅损失 1% 体重的水，也可能出现非常明显的症状，包括头疼、疲劳、精神错乱或健忘、心率加快；损失 5% 以上的水会损伤身体的机能，并阻碍身体的各种活动。所以大家在日常生活中应该及时察觉到口渴的感觉，尽快补充适量的水分。老年人无论是否感觉到口渴，都应当有规律地补充水分，因为老年人的口渴感觉会变得不敏感。

与脱水相反的另一极端是水中毒。当太多的水进入身体，冲淡了体液，扰乱了体液的正常成分时，会形成水中毒。通常情况下，大量的水分摄入并没有太大的问题，因为肾脏可以将多余水分以尿液的方式排出体外。所以在日常生活中，水中毒是非常少见的。但肾脏排出多余的水分是有一定节奏的。如果短时间摄入大量水分，肾脏无法及时将水排出，会在细胞

内外形成非常大的浓度差，水分会进入细胞，稀释细胞内的溶质，会导致细胞的肿胀。大脑细胞的肿胀是最危险的，大脑没有多余的物理空间，肿胀的细胞会导致头疼、混沌感、癫痫、昏迷甚至死亡，见图1-3-3。

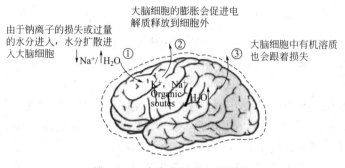

图1-3-3 水中毒时的大脑细胞

4. 水的补充

水的吸收不需要经过任何消化过程，可以很轻易地被吸收，并直接使用。它的来源包括饮用水、饮料和食物。

最直接的水分补充方式就是摄入饮用水。饮用水有白开水、蒸馏水、矿泉水、纯净水等不同类型。各种类型的饮料也是非常好的水分补充方式，但咖啡因和酒精是利尿剂，因此喝茶、喝咖啡、喝酒并不是很好的解渴方式。

基本上所有的食物都含有水，水果和蔬菜大约含有90%的水分，肉制品大约含50%的水分。

人体也可以通过代谢反应获得一部分的水分。身体的很多缩合反应都可以产生水分。如我们在利用氨基酸构建蛋白质的过程中，游离氨基酸的缩合就会产生水分，但这个过程所产生的水分远远低于满足身体对水的需要量，还必须从饮用水或食物中获得大量的水分补充。

到底需要补充多少水分呢？人体每天损失的水分大约是1500~2800mL/d。从食物中获得的水大概为700~1000mL/d，代谢产生的水200~300mL/d。那么为了弥补损失的水，需要喝的水大概为500~1500mL/d。摄入的食物类型不同，所处的环境温度、湿度、海拔高度不同，活动的水平及其他因素不同，对水的需要量变化很大，因此很难确定具体的水的推荐量。一般而言，营养学家推荐每天八杯左右的供水量（大约1600mL）。

二、膳食纤维

膳食纤维是指"凡是不能被人体内源酶消化吸收的可食用植物细胞、多糖、木质素以及相关物质的总和"。这一定义包括了食品中的大量组成成分如纤维素、半纤维素、木质素、胶质、改性纤维素、黏质、寡糖、果胶以及少量组成成分如蜡质、角质、软木质。纤维素、半纤维素和木质素是3种常见的非水溶性膳食纤维，存在于植物细胞壁中；而果胶和树胶等属于水溶性膳食纤维，存在于自然界的非纤维性物质中。

1. 膳食纤维的功能

① 促进肠蠕动、吸水通便、防止结肠癌。

② 降低血糖水平、减少糖尿病发病率。

③ 降低血清胆固醇水平、防止各种心血管疾病。

④ 促进好氧菌生长、抑制厌氧菌生长、改善肠道菌群。

⑤ 减少产能营养素摄入，有利于控制体重。

2. 膳食纤维的食物来源

膳食纤维主要来源于植物性食物，如下所述。

① 植物的种皮和外表皮中。

② 杂粮：玉米、小米、大麦、小麦、荞麦等。

③ 蔬菜水果：红薯、四季豆、芹菜、西瓜、苹果等。

3. 膳食纤维的推荐摄入量

中国营养学会建议每日适宜摄入量为30g。每天摄入400～500g的蔬菜水果和杂粮，可满足机体对膳食纤维的需要。

【任务拓展】

1.去超市调查饮用水的品种。

2.根据你所学知识判断喝矿泉水是补充水最好的选择吗？

【知识点小结】

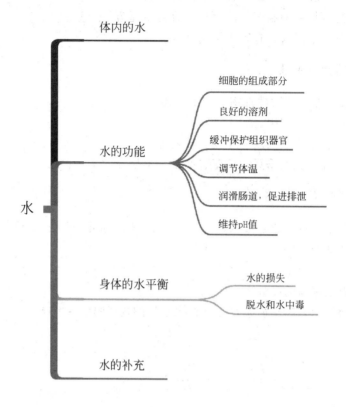

水
- 体内的水
- 水的功能
  - 细胞的组成部分
  - 良好的溶剂
  - 缓冲保护组织器官
  - 调节体温
  - 润滑肠道，促进排泄
  - 维持pH值
- 身体的水平衡
  - 水的损失
  - 脱水和水中毒
- 水的补充

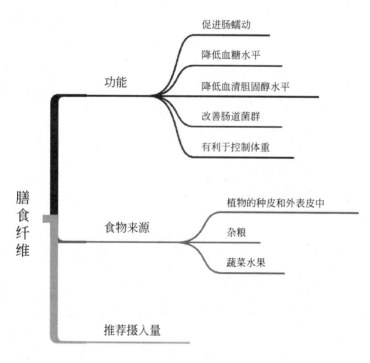

膳食纤维
- 功能
  - 促进肠蠕动
  - 降低血糖水平
  - 降低血清胆固醇水平
  - 改善肠道菌群
  - 有利于控制体重
- 食物来源
  - 植物的种皮和外表皮中
  - 杂粮
  - 蔬菜水果
- 推荐摄入量

任务四　认知中国居民膳食指南和膳食宝塔

【任务介绍】

以你最近一周的食谱为例，完成以下任务。

1.对照中国居民膳食指南，审视自己是否做到了膳食指南推荐的六条核心条目，尤其是"吃动平衡、健康体重"和"少盐少油、控糖限酒"这两个条目。

2.对照中国居民膳食宝塔，审视自己的食谱营养是否均衡，如不均衡，请改进饮食方案。

【任务分析】

学习中国居民膳食指南和膳食宝塔的内容，结合个人情况，在日常生活中注意营养均衡，健康体重。

【相关知识】

人体每天对营养素的需求是不同的。人体在不同的生理阶段、不同的工作环境下，对营养素的需求也会有相应的变化。不同的营养素对机体的生长和发育具有独特的功能，彼此不能相互替代。任何一种营养素的摄入不足或过多，都可能造成与营养相关的疾病。不同营养素的摄入比例对机体的健康也会产生一定的影响。因此营养学强调平衡膳食、合理营养的概念。

许多疾病通过膳食完全可以预防。那一日三餐究竟将怎样吃呢？中国营养协会发布的中国居民膳食指南 2016 和中国居民膳食宝塔 2016 给出了最科学、最权威的答案。

一、中国居民膳食指南 2016

中国居民膳食指南（图 1-4-1）是国家卫健委委托中国营养学会针对本国民众的营养健康问题提出来的，指导大众合理选择和搭配食物，达到促进健康、减少与营养相关的疾病之目的，是告诉大家需要吃什么的科学性文件。《中国居民膳食指南》1989 年首次发布，先后在 1997 年、2007 年和 2016 年进行了修订。与《中国居民膳食指南（2016）》同时发布的还有三个可视化图形及配套的学习指导书，为健康教育、健康传播者提供了最新权威的参考资源。

图 1-4-1　中国居民膳食指南包含的内容

2016 年的新版膳食指南针对 2 岁以上所有中国健康人群提出了六条核心推荐条目。分别为：①食物多样，谷类为主；②吃动平衡，健康体重；③多吃蔬果、奶类、大豆；④适量吃鱼、禽、蛋、瘦肉；⑤少盐少油，控糖限酒；⑥杜绝浪费，兴新食尚。

新版膳食指南与旧版膳食指南相比有如下的特点。

1. 下调了每日热量标准

近 10 年来我国男女平均体重一直呈增长趋势，动物性食物和油脂、糖类摄入量逐年增多，导致能量摄入过剩，为保持健康体重，预防慢性病风险，新版膳食指南下调了每日热量标准，平均热量减少了 200 千卡。新版膳食指南下调了水果，畜禽肉、水产品等动物类，大豆及坚果类的每日摄入量。

新指南特别强调应控制饱和脂肪酸的摄入，要求饱和脂肪酸提供的能量不超过总能量的 10%。

2. 控盐控糖

控制食盐摄入量是为了防止高血压、脑猝死等疾病。钠是人体不可缺少的营养素，需要量为 2200mg/d，折合为食盐约为 5.5g/d，但是其他食物中也含有钠，所以食盐的摄入量必须控制在 6g/d 以下。而现在的摄入量为 12g/d，高 1 倍，导致成年高血压患病率达 25.2%，所以特提出控制食盐的摄入量。

新指南增加了"控糖"二字，建议糖的摄入量不超过 50g/d，最好在 25g/d 以下。

3. 突出了奶类、豆类的摄入量要求

我国居民在奶类、大豆和豆制品方面摄入严重不足，需增加其摄入量。

4. 提出健康体重的概念

新指南建议坚持日常身体活动，每周至少进行 5 天中等强度身体活动，累计 150 分钟以上。

5. 不再设定胆固醇摄入上限

因为无法证明膳食里的胆固醇与血清胆固醇的明显关系，不再对膳食里摄入的胆固醇提出上限。同时考虑到蛋黄包含了鸡蛋一半以上的营养物质，因此指南中特别强调吃鸡蛋时不要遗弃蛋黄。

6. 增加了杜绝浪费、兴新食尚的内容

这是为了在食物本身之外更加强调饮食文化和社会教育。

新指南还引入了三大法宝，即中国居民膳食宝塔（2016）、中国居民平衡膳食餐盘（2016）、儿童平衡膳食算盘，以图形的形式告诉大家最佳的膳食搭配，更加形象、实用。

二、中国居民膳食宝塔（2016）

"宝塔"是膳食指南的量化和形象化表达，也是人们在日常生活中贯彻膳食指南的方便工具。膳食宝塔核心：平衡膳食、合理营养、促进健康。

平衡膳食"宝塔"共分五层，包含了每天应该吃的主要食物的种类。"宝塔"各层位置和面积不同，在一定程度上反映出各类食物在膳食中的地位和应占的比重。宝塔旁边的文字注释提示在能量需要量为1600～2400千卡之间时，一段时间内健康成人平均到一天各类食物的摄入量范围，如图1-4-2所示。

图1-4-2　中国居民膳食宝塔（2016）

1. 宝塔第一层

主要指谷类食物，包括粗细粮食、薯类以及杂豆类食物，要多样化、粗细搭配。水1500～1700mL，谷薯类250～400g，全谷物和杂豆类50～150g，薯类50～100g。

我国自古就有"得谷者昌，失谷者亡，食五谷治百病"的说法。黄帝内经将"五谷为养"放在第一位。民间也流传着一首五谷杂粮歌："天天吃五谷杂粮，保证健康比人强。五谷杂粮可瘦身，健康百岁必成真。米类家族营养好，糙米才是个中宝。麦类矿物质最丰，荞麦通血第一功。绿豆番薯善排毒，不可小觑抗癌族。五谷杂粮人人爱，常吃百益无一害。"可见五谷杂粮的好处超乎了我们的想象。

2. 宝塔第二层

主要是指各种蔬菜和水果类食物。蔬菜类300～500g，水果类200～350g。

蔬菜和水果是矿物质、维生素、膳食纤维和植物化学成分的重要来源，各有各的特点，不能相互代替。因此膳食指南推荐餐餐有蔬菜、每日吃水果。但要注意不能以水果代餐。

3. 宝塔第三层

主要是指鱼、畜禽肉、蛋等动物性食物。肉40～75g，水产品40～75g，蛋类40～50g。

这些属于优质蛋白，每天适量摄入，对机体有正常的代谢维持作用，但并非多多益善，过量易患心血管病、糖尿病，所以需要摄入适量肉鱼蛋，不给身体增加负担。随着国际上每日胆固醇的摄入量限制的解禁，可以放心地吃掉整个鸡蛋。

4. 宝塔第四层

主要是指奶类、大豆类及坚果，要求每日吃。奶及奶制品300g，大豆及坚果类25～35g。

大豆被称为蛋白之星，人们常说"可一日无肉，不可一日无豆"。牛奶富含钙、钾、优质蛋白和12种维生素，牛奶中的脂肪含抗癌物质，是高血压的天敌，能有效抑制肝脏制造胆固醇，适量喝奶好处多多。

5. 宝塔第五层

是塔尖，是指油脂和盐类，要求吃最少。食油25～30g，盐小于6g。

膳食中不能没有油，也不能有过多的油。盐小于6g，这6g要包括酱油、味精、咸菜等钠盐的含量。

6. 宝塔底座

宝塔底座也是膳食指南推荐的核心内容，吃动平衡、健康体重。

碳水化合物、脂类、蛋白质三大营养素摄入后能够产生能量。人类的生长发育、基础代谢、身体活动消耗能量。如能量摄入大于消耗，长时间将形成肥胖。如果能量消耗大于摄入量，长时间会形成消瘦。正常情况下二者要达成平衡，保持稳定的体重。

由于生活方式改变、身体活动减少，进食量相对增加，我国超重和肥胖发生率正在增加。膳食指南提倡每天 6000 步。一天 6000 步，相当于每天 30 分钟的活动量。每周 5～7 次，累计 150 分钟以上中等强度的活动或运动，例如快走、骑自行车、打乒乓球等，就足以产生预防慢性病的有益作用，而增加活动量，有益作用也会随之增强。每周累计 5 天，相当于一个 60kg 人每周消耗 630 千卡能量。

【知识点小结】

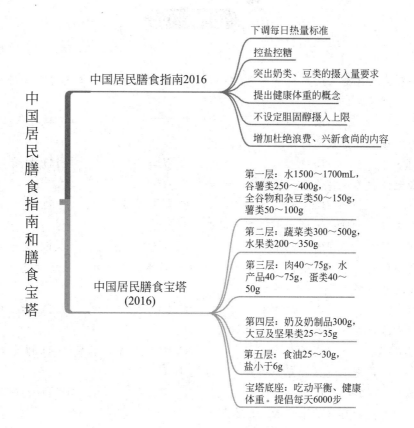

中国居民膳食指南和膳食宝塔

中国居民膳食指南2016
- 下调每日热量标准
- 控盐控糖
- 突出奶类、豆类的摄入量要求
- 提出健康体重的概念
- 不设定胆固醇摄入上限
- 增加杜绝浪费、兴新食尚的内容

中国居民膳食宝塔(2016)
- 第一层：水1500～1700mL，谷薯类250～400g，全谷物和杂豆类50～150g，薯类50～100g
- 第二层：蔬菜类300～500g，水果类200～350g
- 第三层：肉40～75g，水产品40～75g，蛋类40～50g
- 第四层：奶及奶制品300g，大豆及坚果类25～35g
- 第五层：食油25～30g，盐小于6g
- 宝塔底座：吃动平衡、健康体重。提倡每天6000步

 自我评价

一、选择题（单选）

1. 碳水化合物是人体的三大产能营养素之一，每克碳水化合物在体内分解大概能产生多少能量（　　）？

    A. 4 千卡　　　　　　B. 9 卡　　　　　　C. 9 千卡　　　　　　D. 4 卡

2. 下列食物中淀粉含量最高的是（　　）。

    A. 谷物类　　　　　　B. 肉类　　　　　　C. 豆类　　　　　　D. 根茎类

3. 血糖是指血液中哪一种物质的浓度（　　）？

    A. 乳糖　　　　　　B. 总糖　　　　　　C. 葡萄糖　　　　　　D. 糖原

4. 对于儿童来说，应该适当增加下列哪一种营养素的摄入（　　）？

    A. 碳水化合物　　　　B. 蛋白质　　　　　C. 脂肪　　　　　　D. 维生素

5. 考虑不同脂肪酸的生理作用，人体每天摄入的不同脂肪酸的比例最好为饱和脂肪酸：单不饱和脂肪酸：多不饱和脂肪酸＝（　　）。

    A. 2：1：1　　　　　B. 1：2：3　　　　　C. 1：1：1　　　　　D. 3：2：1

6. 下列哪一种维生素的缺乏会导致夜盲症（　　）？

    A. 维生素 D　　　　　B. 维生素 C　　　　　C. 维生素 A　　　　　D. 维生素 B

7. 多食糖类食物，需要适当补充下列哪一种维生素（　　）？

    A. 核黄素　　　　　　B. 泛酸　　　　　　C. 烟酸　　　　　　D. 硫胺素

8. 下列哪一种维生素可以扩张血管、降血脂（　　）？

    A. 泛酸　　　　　　B. 烟酸　　　　　　C. 核黄素　　　　　　D. 硫胺素

9. 临床上与 ATP、胰岛素一起用作能量合剂的维生素是（　　）。

    A. 泛酸　　　　　　B. 烟酸　　　　　　C. 核黄素　　　　　　D. 硫胺素

10. 下列哪一种维生素有对重金属解毒作用（　　）？

    A. 维生素 C　　　　　B. 维生素 A　　　　　C. 维生素 E　　　　　D. 维生素 B

11. 下列食物中含锌量比较低的是（　　）。

    A. 牡蛎　　　　　　B. 花生　　　　　　C. 蔬菜　　　　　　D. 动物内脏

12. 下列元素中哪一个属于微量元素（　　）？

    A. 铁　　　　　　　B. 镁　　　　　　　C. 钙　　　　　　　D. 钾

13. 人体中含量最高的矿物质是（　　）。

    A. 铁　　　　　　　B. 钙　　　　　　　C. 磷　　　　　　　D. 钠

14. 下列食物中含钙量比较低的是（　　）。

    A. 水产品　　　　　　B. 奶制品　　　　　C. 谷物类　　　　　　D. 豆制品

15. 平衡膳食"宝塔"共分（　　）层，包含了我们每天应吃的主要食物种类。"宝塔"各层位置和面积不同，在一定程度上反映出各类食物在膳食中的地位和应占的比重。

    A. 三层　　　　　　B. 四层　　　　　　C. 五层　　　　　　D. 六层

16. 新版膳食指南将"食物多样化"量化，建议平均每天至少摄入 12 种以上食物，每周需要多少种以上（　　）？

    A. 15　　　　　　　B. 25　　　　　　　C. 35　　　　　　　D. 20

17. 有关膳食指南，下面哪一条是正确的（　　）？

  A. 食物多样、谷类为主　　　　　　　　　B. 奶类、豆类要少吃

  C. 蔬菜、水果要少吃　　　　　　　　　　D. 多吃肉类

18. 长期摄入过量畜禽肉类易导致心血管疾病，这是因为畜禽肉类中含量极为丰富的（　　）。

  A. 碳水化合物含量低　　　　　　　　　　B. 饱和脂肪酸和胆固醇含量高

  C. 蛋白质含量极为丰富　　　　　　　　　D. 铁、锌、铜含量丰富

19. 新指南中盐的推荐量变为不超过多少 g（包括酱油、酱、酱菜等调味品的盐含量）（　　）？

  A. 6　　　　　　　　B. 7　　　　　　　　C. 8　　　　　　　　D. 9

20. 新指南建议控制糖的摄入量，每天摄入不超过50g，最好控制在（　　）g 以下。

  A. 35　　　　　　　B. 30　　　　　　　C. 25　　　　　　　D. 20

二、判断对错

1. 如果一种食物蛋白质所含必需氨基酸种类齐全，但是氨基酸模式与人体蛋白质的氨基酸模式差异较大，则这种蛋白质属于不完全蛋白质。

2. 生大豆、熟豆浆、豆腐中蛋白质消化率最高的是豆腐。

3. 植物性油脂如大豆油中，一般含不饱和脂肪酸较多。

4. 人体每天所需热量应该主要由碳水化合物提供。

5. 一般而言，动物性油脂比植物性油脂更稳定。

6. 选择饮用水完全取决于个人的爱好、价格的高低和心理的满足。

7. 膳食纤维可减少产能营养素的摄入，有利于控制体重。

8. 每天摄入 400~500g 的蔬菜水果和杂粮，可满足机体对膳食纤维的需要。

9. 新版膳食指南特别强调吃鸡蛋时不要遗弃蛋黄。

10. 杂粮不能代替白米白面当主食。

项目二

探寻食品加工过程中的秘密

【项目说明】

　　各式各样的美食和饮品丰富了我们的生活并增添了许多乐趣。在制作这些美食和饮品时，难免会用各种食品添加剂。本项目将带领大家学习这些食品添加剂的知识，以便正确选择和使用，避免对健康造成危害。

任务一　寻找食品色、香、味的来源

【任务介绍】

　　去超市选两样你喜欢的休闲食品或饮品，如糕点、干果、饮料等，查看外包装上的配方表（或配料表），完成以下任务。

　　1.指出配料中哪些物质属于色素，哪些物质属于香料。

　　2.这些食品或饮品味道如何？指出这些味道的来源。

【任务分析】

　　学习与食品色、香、味相关的知识，结合个人情况，在日常生活中要多从健康的角度考虑，不受诱惑，少食用含合成色素等有害物质的食物或饮品。

【相关知识】

　　随着生活水平的提高，人们更关注食品的质量。色、香、味是食品好坏的三个感观指标。

一、食品的色

　　食品的色泽是构成食品感官质量的一个重要因素。丰富多彩的颜色能诱发人的食欲，因此，保持或赋予食品良好的色泽是食品加工中的重要问题。食品的颜色主要来源于色素。色素可以分为天然色素、合成色素和发色剂三类。

1. 天然色素

　　天然色素指未经加工的自然界的花、果和草木的色源（见图2-1-1），常见的有叶绿素、

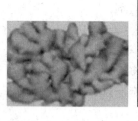

姜　　　　　　红花　　　　　　胡萝卜　　　　　辣椒

图 2-1-1　几种含天然色素的食物

姜黄素、红花黄色素、辣椒红素及 β-胡萝卜素等。天然色素一般对人体无害，有的本身就是营养成分，使用安全，但色泽、稳定性不如合成色素，成本较高。

我国允许使用并已制定有国家标准的天然食用色素有姜黄素、虫胶色素、红花黄色素、叶绿素铜钠盐、辣椒红素、酱色、红曲米及 β-胡萝卜素等。

（1）姜黄素

姜黄素是从姜科、天南星科中的一些植物的根茎中提取的一种化学成分，为橙黄色结晶粉末，味稍苦，不溶于水，在食品生产中主要用于肠类制品、罐头、酱卤制品等产品的着色。医学研究表明，姜黄素具有降血脂、抗肿瘤、抗炎、利胆、抗氧化等作用。科学家新发现姜黄素有助治疗耐药结核病。

（2）虫胶色素

虫胶色素是一种动物色素，是紫胶虫分泌的色素。虫胶色素有溶于水和不溶于水两大类。溶于水的虫胶色素称为虫胶红酸，为鲜红色粉末，微溶于水，易溶于碱性溶液。

（3）红花黄色素

红花黄色素是由中药红花中提取的一种黄色色素，广泛应用于多种饮料、果酒、调配酒、糖果、糕点。

（4）叶绿素铜钠盐

叶绿素铜钠盐是蓝黑色具金色光泽的粉末，有胺样味，易溶于水，水溶液呈蓝绿色，耐光性较叶绿素强。

（5）红曲米

红曲米是我国传统使用的天然红色色素之一。生产方法是将紫红曲霉接种在米上培养而成。主要供制造叉烧肉、红色灌肠、红腐乳及某些配制酒时染色之用。

（6）酱色

酱色即焦糖，是我国传统使用的天然色素之一，为棕褐色或黑褐色的液体。液体的焦糖是把蔗糖或麦芽糖浆在 160～180℃ 的高温下加热 3 小时，使之焦糖化，然后用碱中和制得，为使反应加速，有时加铵盐作催化剂。焦糖本身无毒，但加铵盐生产的焦糖含有一种含氮的杂环化合物 4-甲基咪唑，此物具有致惊厥作用，若含量较高则对人有害。

（7）胡萝卜素

胡萝卜素为人类食品中正常成分，是人们所需要的营养素之一，可作为奶油着色剂。

（8）辣椒红素及甜菜红

辣椒红素、甜菜红是分别从辣椒中和甜菜的根中提取出来的红色色素。辣椒红素是一种类胡萝卜素，是胡萝卜A原，对人无毒性，用于罐头食品。甜菜红主要用于罐头、果味水、汽水、配制酒等，是冷饮、乳制品、果酱、果冻等理想的着色剂。

2. 合成色素

合成色素具有鲜艳、着色强、稳定、成本低的优点，但多数为煤焦油染料，本身无营养价值，对人体有一定毒性。允许使用的合成色素有苋菜红、胭脂红、柠檬黄、靛蓝、日落黄等，用量也有严格的限制。

（1）苋菜红

苋菜红又名食用红色9号、酸性红、杨梅红、蓝光酸性红，为水溶性偶氮类着色剂。我国规定苋菜红可用于果味水、果味粉、果子露、汽水、配制酒、糖果、糕点、彩妆、红绿丝、罐头、浓缩果汁、青梅等的着色。

（2）胭脂红

胭脂红又名食用红色7号、丽春红4R、大红、亮猩红，为水溶性偶氮类着色剂，苋菜红的异构体。

（3）柠檬黄

柠檬黄又称酒石黄、酸性淡黄、肼黄，呈鲜艳的嫩黄色，水溶性偶氮类合成色素。多用于食品、饮料、药品、化妆品、饲料、烟草、玩具、食品包装材料等的着色，也用于羊毛、蚕丝的染色。

（4）日落黄

日落黄又名食用黄色3号、夕阳黄、橘黄、晚霞黄，为水溶性偶氮类着色剂。性质稳定、价格较低，广泛用于食品和药物的着色。

（5）靛蓝

又名食品蓝1号、食用青色2号、食用蓝、酸性靛蓝、硬化靛蓝，广泛用于食品、医药和印染工业。

合成色素可以改善商品外观并吸引消费者购买，于是有不法分子在利欲驱使下，突破允许使用品种、范围和数量，滥用、重剂量使用色素，使食品安全面临挑战。合成色素对人体有危害，主要是由于食用合成色素多以苯、甲苯、萘等化工产品为原料，经过磺化、硝化、偶氮化等一系列有机反应而成，大多为含有偶氮键、苯环或氧杂蒽结构的化合物，因此要严格控制使用品种、范围和数量，限制每日允许摄入量（ADI）。有些色素长期低剂量摄入，也存在致畸、致癌的可能性。

3. 发色剂

也叫护色剂，物质本身无颜色，不是色素，使用后可以使食品呈现一定的颜色。例如，亚硝酸根进入肉类，生成少量很不稳定的亚硝酸，亚硝酸分解生成的一氧化氮很快和肌红蛋白（Mb）反应生成亮红色的亚硝基。

反应式如下：

$$3HNO_2 == HNO_3 + NO\uparrow + H_2O$$
$$Mb + NO == MbNO（亮红色）$$

亚硝酸钠不仅可使肉制品色泽红润，还可抑菌保鲜和防腐，目前还没有更好的替代品。近年来发现亚硝酸盐能与多种氨基化合物（主要来自蛋白质分解）反应，产生致癌的

N——亚硝基化合物，如亚硝胺等。亚硝胺是国际公认的致癌物，动物实验表明，长期小剂量使用或一次摄入足够量都有致癌作用。在没有理想替代品之前，亚硝酸盐用量应限制在最低水平。

二、食品的香

人们常常将食品的香说成食品的香味。食品的香味由许多种挥发性的香味物质所组成，有天然香味和人造香味之分。

1. 天然香味

许多天然食品有独特的香味。不同的香味由不同的挥发性香味物质组成。菜的清香主要由醇类物质产生；水果的香味与酯类物质有关；乳及乳制品的香味与低分子的脂肪酸有关；肉香味与其中含有的含硫、含氮化合物有关；酒、酸奶、干酪等发酵产品的香气与多种挥发性的低分子醇、酯等有关。

2. 天然香料

我国的香料品种很多。常用的天然香料有八角、茴香、花椒、姜、胡椒、薄荷、橙皮、丁香、桂花、玫瑰、肉豆蔻和桂皮等。它们不仅能呈味、赋香，而且有杀菌功能（如蒜受热或在消化器官内酵素的作用下生成蒜素或丙烯亚磺酸，有强杀菌力），还含有多种维生素（如葱头含大量维生素 B）。天然香料一般对人体安全无害，但个别的如黄樟素有致癌作用。

葱、姜、蒜、椒，人称调味"四君子"，它们不仅能调味，而且能杀菌去霉，对人体健康大有裨益。但在烹调中如何投放才能更提味、更有效，却是一门学问。

肉食重点多放椒。烧肉时宜多放花椒，牛肉、羊肉、狗肉更应多放。花椒有助暖作用，还能去毒。

鱼类重点多放姜。鱼腥气大，性寒，食之不当会产生呕吐。生姜既可缓和鱼的寒性，又可解腥味。烹调时多放姜，可以帮助消化。

贝类重点多放葱。大葱不仅能缓解贝类（如螺、蚌等）的寒性，而且还能抗过敏。不少人食用贝类后会产生过敏性咳嗽、腹痛等症，烹调时就应多放大葱，避免过敏反应。

禽肉重点多放蒜。蒜能提味，烹调鸡、鸭、鹅肉时宜多放蒜，使肉更香更好吃，也不会因为消化不良而泻肚子。

3. 人造香料

人造香料分为单体香料和合成香料两种。

单体香料是从天然香料中分离出来的香料化合物。

合成香料是以石油化工产品、煤焦油产品为原料经合成而得到的单体香料化合物，必须慎重使用。

合成香料一般不单独使用，常按一定比例配制成混合香料，即香精。如具有各种水果香味的香精，主要是由甲酸乙酯、乙酸乙酯、乙酸戊酯等按一定比例配制而成的。

三、食品的味

食品的味是多种多样的，但都是由于食品中可溶性成分溶于唾液或食品的溶液刺激舌表面的味蕾，再经过味觉神经纤维到达大脑的味觉中枢，经过大脑的分析，才能产生味觉。味感有甜、酸、咸、苦、鲜、涩、碱、凉、辣及金属味等十种，其中甜、酸、咸、苦为基本的味觉。在这里介绍酸、甜、鲜味物质。

1. 酸味剂

酸味剂是以赋予食品酸味为目的的化学添加剂。一般而言，酸味是氢离子的性质。酸味给味觉以爽快的刺激，能增进食欲，还具有一定的防腐作用，又有助于钙、磷等营养的消化吸收。酸味剂有天然酸味剂，也有人工合成的酸味剂。

（1）天然酸味剂

苹果、山楂等含有苹果酸；柠檬、草莓、菠萝、石榴等水果含柠檬酸。泡菜的酸感和脆嫩风味是由乳酸引起的。许多蔬菜和水果含有维生素C（抗坏血酸）。这些食品中的苹果酸、柠檬酸、乳酸、维生素C等就是天然的酸味剂。

苹果酸常作为甜酸点心的酸味剂，在食品工业中用作果冻、饮料等的酸味剂。

柠檬酸酸味柔和优雅，入口即有酸感，后味持续时间短，广泛应用于各种汽水、饮料、果汁、水果罐头、蔬菜罐头等。

在酱菜的制作中，常加入乳酸作为酸味剂。

西红柿是一种常食用的富含苹果酸、柠檬酸、维生素C等天然酸味剂的蔬菜或水果。为什么煮熟的西红柿比生西红柿更酸？这是因为有机酸包含在西红柿的果胶元中，同时果胶元还含有一种对酸性起缓冲作用的蛋白质。烹调过程中，果胶元溶于水时，有机酸也同时进入水中。另外，蛋白质在受热后会凝固，加盐后也会使蛋白质发生沉淀，就失去对酸的缓冲作用，而增加了西红柿的酸性。因此烹调时放盐早也会更酸。

（2）合成酸味剂

天然的酸味剂也可由人工合成。常见的合成酸味剂还有乙酸、磷酸、酒石酸等。这些酸味剂除作重要调料外，兼有防腐、防霉、杀菌之功效。

磷酸主要用于可乐中，如饮用过多会影响钙的吸收，并对牙齿有严重的腐蚀，破坏含羟基磷酸钙的牙釉，造成龋齿。

2. 甜味剂

甜味剂是指赋予食品或饮料以甜味的食物添加剂。大多数人偏爱甜食，因为甜味能给人愉悦的感觉。有研究显示，甜食能促进血液中血清素（5-羟色胺，也叫快乐激素）的增加，让人产生愉悦的感觉。心情不好时，不妨适当补充一点甜食。

世界上使用的甜味剂很多，有几种不同的分类方法。

① 按其来源可分为天然甜味剂和人工合成甜味剂；
② 按其营养价值可分为营养性甜味剂和非营养性甜味剂；
③ 按其化学结构和性质可分为糖类和非糖类甜味剂。

（1）糖类甜味剂

单糖及单糖衍生物、二糖是常用的糖类甜味剂。

1）单糖

各种单糖的甜度不同。果糖的甜度最高，依次是蔗糖、葡萄糖、麦芽糖、半乳糖、乳糖等。单糖的甜度还受到单糖构型的影响，如 β-D-吡喃型果糖就要比 β-D-呋喃型果糖更甜。蜂蜜中的果糖在温度比较低的时候，主要以吡喃型存在，温度高时转化为呋喃型，因此蜂蜜水温度低一点感觉更甜。又如甘露糖，α-D-型甘露糖有甜味，β-D-型甘露糖就有苦味。橘子皮当中含有β-D-型甘露糖，有特殊的苦味。

2）木糖醇

单糖的衍生物，如木糖醇、甘露糖醇、山梨糖醇等也是甜味剂，以木糖醇最为常用。

木糖醇在自然界中分布很广，广泛存在于各种水果、蔬菜、谷类中，但含量很低。商品木糖醇是将玉米芯、甘蔗渣等农业副产物进行深加工制得，是一种天然、健康的甜味剂。对人体来说，木糖醇也不是一种"舶来品"，它本身就是糖类代谢的中间体。

木糖醇的甜度与蔗糖相当，溶于水时可吸收大量热量，是所有糖醇甜味剂中吸热值最大的一种，故以固体形式食用时，会在口中产生愉快的清凉感。木糖醇不致龋且有防龋齿的作用，代谢不受胰岛素调节，在人体内代谢完全，热量比其他糖类化合物低40％，可作为糖尿病人的代糖品。

3）蔗糖

蔗糖是二糖当中甜味最高的，也是主要的食用糖，是白糖、砂糖、红糖的主要成分，被称为餐桌上的糖。

（2）非糖类甜味剂

非糖类甜味剂甜度很高，用量少，热值很小，多不参与代谢过程，常称为非营养性或低热值甜味剂，是甜味剂的重要品种。

1）糖精

糖精化学名为邻苯甲酰磺亚胺（结构式见图2-1-2），甜度为蔗糖的450～700倍，稀释10000倍仍有甜味。但是，糖精并非"糖之精华"，不是从糖里提炼出来的，而是以煤焦油为基本原料制成的。糖精的钠盐称为糖精钠，甜味相当于蔗糖的300～500倍，可供糖尿病患者作为食糖的代用品。

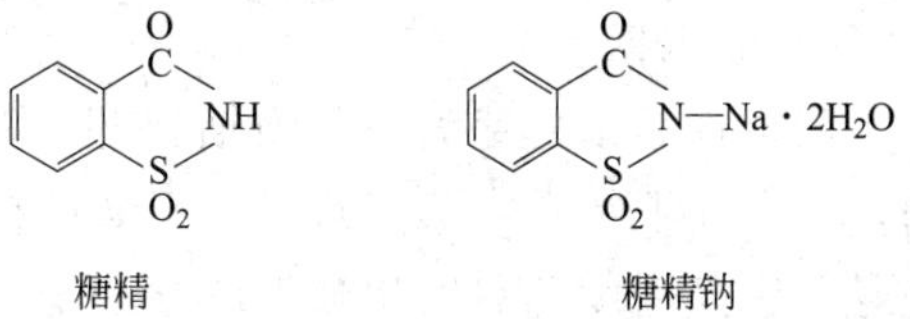

图 2-1-2 糖精和糖精钠

糖精没有营养价值，在用量超过0.5％以上时显苦味，煮沸以后分解也有苦味，通常不消化而排出。少量食用无害，过量食用有害健康。我国采取了严格限制糖精使用的政策，并规定婴儿食品中不得使用。糖精及其钠盐价格低廉、性能稳定、用途广泛，一般用于饮料、酱菜类、复合调味料、蜜饯、配制酒、雪糕、糕点、饼干、面包等中。

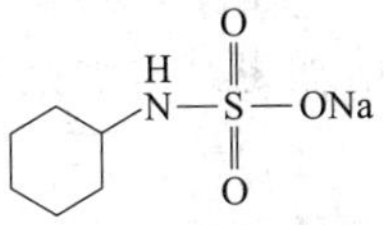

2）甜蜜素

图 2-1-3 甜蜜素

也叫新糖精，其化学名称为环己基氨基磺酸钠，结构式见图2-1-3，是一种常用甜味剂，其甜度是蔗糖的30～40倍。消费者如果经常食用甜蜜素含量超标的饮料或其他食品，就会因摄入过量而对人体的肝脏和神经系统造成危害，特别是对代谢排毒能力较弱的老人、孕妇、小孩的危害更明显。

3）安赛蜜

安赛蜜，即乙酰磺胺酸钾，结构式见图2-1-4，极易溶于水，溶解度随温度升高而增大，口感比蔗糖更甜，甜味纯正而强烈，持续时间长，与阿斯巴甜1∶1合用有明显增效作用。高浓度时为蔗糖的100倍，余味持久。在人体内不代谢为其他物质，能很快排出体外，因而完全无热量。对光、热（能耐 225℃ 高温）稳定，pH 适用范围较广（3～7），是目前世界上稳定性最好的甜味剂之一，适用于焙烤食品、酸性饮料及保健食品等。安赛蜜的生产工艺不复杂、价格便宜、性能优于阿斯巴甜，被认为是最有前途的甜味剂之一。1992 年，中国批准安赛蜜可用于饮料、冰淇淋、糕点、蜜饯、餐桌用甜料等。

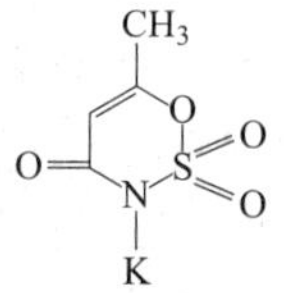

图 2-1-4　安赛蜜

4）阿斯巴甜

阿斯巴甜的甜度约为蔗糖的 200 倍，风味与蔗糖十分近似，甜味纯正，有凉爽感，没有苦涩、甘草味与金属味，且无不良的后味，与酸味易于调和。阿斯巴甜的热量小，可以直接作为蔗糖的替代品直接加到日常甜食中，尤其适合糖尿病、肥胖病、高血压及心血管疾病患者食用。目前已经应用于 6000 多种产品中，主要包括汽水、果汁、可乐、运动饮料、牛奶、酸奶、糖果等。

经过多次的研究得出，阿斯巴甜是一种安全性高的甜味物质，在体内代谢不需要胰岛素参与，能很快被分解为天冬氨酸、苯丙氨酸和甲醇三种物质，然后被人体所吸收，但不适用于苯丙酮酸尿症患者。

5）三氯蔗糖

三氯蔗糖是蔗糖分子中三个羟基被氯原子取代而成的白色粉末状产品，极易溶于水、乙醇和甲醇，甜度为蔗糖的 600 倍，且甜味纯正，同时具有安全性高、稳定性好等特点。三氯蔗糖属于非营养型强力甜味剂，在人体内几乎不被吸收，符合当前甜味剂的发展潮流。

三氯蔗糖是肥胖症、心血管病和糖尿病患者理想的食品添加剂，因此它在保健食品和医药中的应用不断扩大，可在饮料、酱菜、复合调味剂、配制酒、冰淇淋、糕点、水果罐头、饼干及面包中使用，允许添加量为 0.25g/kg，在改性口香糖、蜜饯中的添加量为 1.5g/kg。

6）元贞糖

元贞糖是以麦芽糊精、阿斯巴甜、甜菊糖、罗汉果糖、甘草提取物等配料制成的食用糖，具有如下特点：①高营养，不含糖精，添加天然甜味物质甜菊糖、罗汉果糖、甘草提取物等；②高甜度，甜度相当于蔗糖的 10 倍；③超低热量，热量仅为同等甜度蔗糖的 5%。

经相关研究单位临床实验证明，元贞糖不增高消费者血糖水平和尿糖含量，是安全的高甜度、低热量食用糖，可用于糖尿病、高血压、冠心病及高脂血症患者，以改善生活质量。元贞糖也适合嗜糖又惧糖者，唯一美中不足的是成本较高。

（3）甜味剂与健康

人类对甜味的嗜好可能来自早期对糖类能量的需求，那时甜味主要来自水果、蔬菜中的果糖等，对甜的爱好并没有造成健康的问题。如今大量精制白糖的使用，产生了许多健康问题，如过度食用甜食，容易造成肥胖、损坏牙齿、引起近视等，甚至会增加患某些癌症的风险。更可怕的是，研究显示精制白糖跟可卡因一样具有成瘾性。

天然甜味剂通常是安全无害的，少量食用有益健康。但是糖醇吃多了容易引起腹泻，低聚糖吃多了容易引起腹胀产气。

化学合成的甜味剂的安全性受到各种质疑。据报道，有些人会对阿斯巴甜、三氯蔗糖等甜味剂产生头痛、思维模糊等不良反应。最近的研究显示，甜味剂还会增加患糖尿病的风险。人们也发现合成甜味剂并不能解决甜味与健康的问题。合成甜味剂虽然不能直接升高血糖，但是可以通过甜味刺激食欲，促进脂肪的合成。

综上所述，革除对甜味的嗜好才是真正的健康之道。营养学家建议少吃任何添加甜味剂的食物，用天然的新鲜水果替代甜食。

3. 鲜味剂

味精、肌苷酸、鸟苷酸等是常见的鲜味剂。

从化学角度讲，鲜味的产生与氨基酸、缩氨酸、甜菜碱、核苷酸、酰胺、有机碱等物质有关。

（1）味精

味精又叫味素，是目前应用最广的鲜味剂，主要成分为 L-谷氨酸钠（化学结构见图 2-1-5），白色晶体或结晶性粉末，含一分子结晶水，无气味，易溶于水，微溶于乙醇，无吸湿性，对光稳定，中性条件下水溶液加热也不分解，一般情况下无毒性。

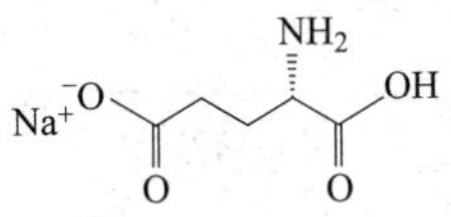

图 2-1-5　味精

味精通常应在 80～120℃、弱酸或中性条件下使用。味精在高温下（超过 120℃）长时间加热会分解生成有毒的焦谷氨酸钠，所以在烹调中不宜长时间加热，不能在油炸或高温烧烤时加味精。在酸性食物中添加味精会引起化学反应，使菜肴走味，如糖醋鱼、糖醋里脊里不需加味精。味精遇碱会化合成谷氨酸二钠，产生氨水臭味，使鲜味降低，甚至失去鲜味，因此碱性原料不宜使用味精。此外，使用味精要适量，多了反而不鲜。

（2）核苷酸

在核苷酸中呈鲜味的有 5′-肌苷酸、5′-鸟苷酸和 5′-黄苷酸，它们在水中并无鲜味，但与谷氨酸钠共存时，则谷氨酸钠的鲜味增强达 6 倍。

在动物肉中，鲜味核苷酸主要是由肌肉中的 ATP（三磷酸腺苷）降解而产生的。肉类在经过一段时间加热后方能变得美味可口，原因就是由 ATP 转变为 5′-肌苷酸需要时间。

【知识点小结】

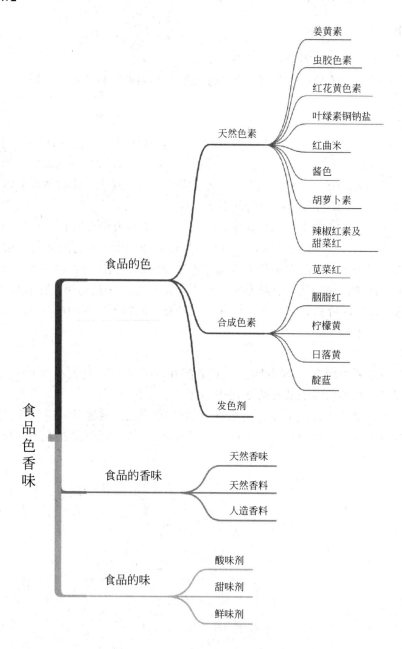

食品色香味
├─ 食品的色
│   ├─ 天然色素
│   │   ├─ 姜黄素
│   │   ├─ 虫胶色素
│   │   ├─ 红花黄色素
│   │   ├─ 叶绿素铜钠盐
│   │   ├─ 红曲米
│   │   ├─ 酱色
│   │   ├─ 胡萝卜素
│   │   └─ 辣椒红素及甜菜红
│   ├─ 合成色素
│   │   ├─ 苋菜红
│   │   ├─ 胭脂红
│   │   ├─ 柠檬黄
│   │   ├─ 日落黄
│   │   └─ 靛蓝
│   └─ 发色剂
├─ 食品的香味
│   ├─ 天然香味
│   ├─ 天然香料
│   └─ 人造香料
└─ 食品的味
    ├─ 酸味剂
    ├─ 甜味剂
    └─ 鲜味剂

任务二　探寻食品添加剂的秘密

【任务介绍】

去超市选两样你喜欢的休闲食品或饮品，如糕点、干果、饮料等，查看外包装上的配方表（或配料表），完成以下任务。

指出配料中哪些是添加剂，并利用添加剂的知识分类，分析一下这些添加剂的安全性，如含有对你的身体有不良影响的成分，下次购买时确定替代品。

【任务分析】

学习与添加剂相关的知识，结合个人情况，在日常生活中要多从健康的角度考量，"知道"了以后再吃，尽量选择浅度加工的食品。

【相关知识】

近几年从"瘦肉精猪肉""三聚氰胺奶粉"到"染色馒头"等食品安全问题频频曝光，老百姓的食品安全感愈来愈差。一遇到食品安全事件，人们就会想到食品添加剂，误以为是食品添加剂造成的，再加上个别媒体的不实报道，导致这种误解越来越深，认为食品添加剂危害人体健康，含有食品添加剂的食品都是垃圾食品。那么事实果真如此吗？食品添加剂真的那么可怕吗？

一、什么是食品添加剂

1. 食品添加剂的定义

我国 2011 年 6 月实施的食品添加剂使用标准，对食品添加剂的定义是：为改善食品品质和色、香、味以及因防腐和加工工艺的需要而加入食品中的化学合成或天然物质。营养强化剂、食品用香料、食品工业用加工助剂也包括在内。

2. 食品添加剂分类

按来源分为天然食品添加剂和化学合成食品添加剂两大类。

按安全性评价分为安全物质、A 类物质、B 类物质和 C 类物质。安全物质不需建立 ADI 值（Acceptable Daily Intakes，每日允许摄入量）。A 类物质已建立 ADI 值，B 类物质未制定 ADI 值，C 类物质是不安全或应严格限制其使用的物质。

按功能分为防腐剂、抗氧化剂、着色剂、发色剂、漂白剂、酸味剂、凝固剂、疏松剂、增稠剂、消泡剂、甜味剂、乳化剂、品质改良剂、抗结剂、增味剂、发泡剂、保鲜剂、酶制剂、被膜剂、香料、营养强化剂、其他添加剂 22 类。

二、为什么要使用食品添加剂

食品添加剂是食品工业的"灵魂"，没有食品添加剂就没有现代食品工业。食品添加剂在食品工业大发展中起了决定性作用，是现代食品工业的"催化剂"和基础，推动了食品工业的蓬勃发展。

民以食为天，食以"添"为"鲜"。没有食品添加剂，食品就没有如此丰富多彩的花色和品种，就不可能有良好的品质、诱人的口感、丰富的营养和保存质量。没有食品添加剂，超市里琳琅满目的食品（图 2-2-1）就不存在。

食品添加剂的具体作用如下所述：

① 增加食品的储藏性，防止食品腐败变质；

② 改善食品的感官性和品质质量；

③ 便于食品的生产和流通；

④ 保持或提高食品的营养价值；

⑤ 满足其他特殊需要；

⑥ 提高经济效益和社会效益。

图 2-2-1　超市里琳琅满目的食品

三、常见的食品添加剂

食品的质、色、香、味、形是衡量食品质量的重要指标。食品在储存和加工过程中可能变质、褪色、变色，食品添加剂可改善食品的质地和风味。防腐剂、抗氧化剂可阻止食品变质，色素可以赋予食品诱人的色泽，甜味剂、鲜味剂和香精香料可以赋予食品良好的风味，乳化剂、增稠剂、膨松剂等有利于食品成形并赋予食品松、软、酥、黏等口感，营养强化剂可以补充食品的营养价值。下面主要介绍防腐剂、抗氧化剂和膨松剂。

1. 防腐剂

微生物引起食品变质分为细菌繁殖造成的食品腐败、霉菌代谢导致的食品霉变和酵母菌分泌的氧化还原酶促使的食品发酵。防腐剂就是防止食品因微生物引起的腐败变质，延长食品的保质期，也称抗菌剂或抗微生物剂，是最早使用的食品添加剂之一。

食品防腐剂应具备的条件：符合国家卫生标准，与食品不发生化学反应，防腐效果好，对人体正常功能无影响，使用方便，价格低廉。下面介绍常见的一些防腐剂，见图 2-2-2。

（1）苯甲酸及其钠盐

图 2-2-2　常用食品防腐剂

苯甲酸俗名安息香酸，在酸性条件下对多种微生物（酵母、霉菌、细菌）有明显的抑菌作用。由于苯甲酸溶解度低，实际生产中大多使用其钠盐。苯甲酸及其钠盐低毒，已有苯甲酸及其钠盐蓄积中毒的报道，有些国家如日本已取消使用。此类防腐剂通常用在果酱类、酱菜类和一些饮料食品中。

（2）山梨酸及其盐类

山梨酸即 2,4-己二烯酸，亦称花楸酸，为酸性防腐剂，具有较高的抗菌性能，对酵母菌、霉菌、细菌均有明显的抑制作用，而毒性仅为苯甲酸的 1/4，通常使用在果脯、肉制品、饮料、食品中。

（3）丙酸钠和丙酸钙

丙酸钠和丙酸钙都是酸性防腐剂，通过在酸性环境中生成的未解离的丙酸起防腐作用。

丙酸钠对防止霉菌有良好的效果，但对细菌抑制作用较小，且对酵母菌无作用，可用于乳酪制品防霉，也可用于面包发酵过程抑制杂菌生长。

丙酸钙抑菌的有效剂量较丙酸钠小，能抑制面团发酵时枯草杆菌的繁殖。

丙酸钠和丙酸钙适用于面包和糕点的保鲜。使用丙酸钙还可补充食品中的钙质，具有营养强化剂的功能。

（4）对羟基苯甲酸酯类

对羟基苯甲酸酯类又称尼泊金酯类，包括对羟基苯甲酸甲酯、对羟基苯甲酸乙酯、对羟基苯甲酸丙酯、对羟基苯甲酸丁酯、对羟基苯甲酸异丁酯。我国主要使用的是对羟基苯甲酸乙酯和对羟基苯甲酸丙酯。

对羟基苯甲酸酯类对霉菌、酵母与细菌有广泛的抗菌作用，抗菌能力比山梨酸和苯甲酸强，受 pH 值影响不大，在 pH 值 4～8 的范围内效果均好，主要用于糕点馅、酱油、果酱、清凉饮料，也可用于化妆品和药品，还可用作植物油的抗氧剂。

（5）双乙酸钠

双乙酸钠简称 SDA，又名二醋酸一钠，为白色结晶，带有醋酸气味，易吸湿，极易溶于水，加热至 150℃以上分解，具有可燃性，在阴凉干燥条件下性质稳定。双乙酸钠主要靠分解产生的乙酸分子起抗菌作用，是一种广谱、高效、无毒的防腐剂，对细菌和霉菌有良好的抑制能力。双乙酸钠对粮食、谷物有极好的防霉效果，用于面包、蛋糕的防霉，可以完全代替丙酸钙。双乙酸钠属于未规定 ADI 的物质，被美国食品和药物管理局（FDA）定为安全类（GRAS）物质。

（6）乳酸链球菌素

乳酸链球菌素（Nisin），音译为尼辛，亦称乳酸链球菌肽或乳链菌肽，是乳酸链球菌产生的一种多肽物质。乳酸链球菌素可抑制大多数革兰氏阳性细菌，并对芽孢杆菌的孢子有强烈的抑制作用，但对酵母菌和霉菌无效。食用后在人体的生理 pH 条件和 α-胰凝乳蛋白酶作用下很快水解成氨基酸，不会改变人体肠道内正常菌群，不会产生如其他抗菌素所出现的抗性问题，更不会与其他抗菌素出现交叉抗性，是一种高效、无毒、安全、无副作用的天然食品防腐剂。常应用于干酪、奶油制品、罐头、高蛋白制品中。

（7）亚硝酸钠

亚硝酸钠是用于肉制品的发色剂，也有抑菌防腐作用。

（8）不需要和禁止添加防腐剂的食品

不是所有的食品都需要添加防腐剂，有些不需要添加。

① 水分含量低的食品，如饼干等焙烤得很干，方便面饼经油炸除去绝大部分水分，即使不加防腐剂也不会腐败。

② 高糖或高盐食品，如蜜饯、榨菜等，高浓度的糖和盐可使微生物细胞脱水，细菌无法繁殖。

③ 杀菌密封食品，如罐头、真空包装食品，食品装袋或装罐之后再高温杀菌，把罐中原来存在的细菌等杀死，而包装本身绝对密封，外面的细菌进不来，自然也就不会变质了。

④ 本身有杀菌作用的食品，如酸奶本身含有防腐作用的乳酸和乳酸菌素，蜂蜜中含有抑菌素，再加上蜂蜜中渗透压较高，微生物难以存活。

2. 抗氧化剂

抗氧化剂能够保护食物免受氧化损伤而变质，按照溶解性可分为脂溶性食品抗氧化剂和水溶性食品抗氧化剂两大类。

脂溶性食品抗氧化剂，常用于油脂的抗氧化。油脂因含有不饱和脂肪酸，在有氧环境中容易氧化酸败。脂溶性食品抗氧化剂主要有丁基羟基茴香醚（BHA）、二丁基羟基甲苯（BHT）、没食子酸丙酯（PG）、特丁基对苯二酚（TBHQ）、棕榈酯（AP）、维生素 E 等。

水溶性食品抗氧化剂，常用于食品色泽的保持和果蔬的抗氧化，主要有抗坏血酸（盐）、异抗坏血酸（盐）、乙二胺四乙酸二钠、植酸、茶多酚等。

（1）维生素 E

维生素 E 又称生育酚，广泛存在于植物组织的绿色部分和禾本科种子的胚芽中，如小麦、玉米、菠菜、芦笋、茶叶以及植物油。在植物油精制过程中可回收大量精制维生素 E 混合物，其成分抗氧化性好，使用安全，主要用于婴儿食品、奶粉等。

（2）茶多酚

茶多酚亦称维多酚、茶单宁、茶鞣质，是茶叶中所含的一类多酚化合物。主要包括儿茶素、黄酮醇、花色素、酚酸等。其中儿茶素占总量的 $60\% \sim 80\%$。儿茶素具有很强的供氢能力，能与脂肪酸自由基结合，终止自由基的链反应。同时可螯合金属离子，结合氧化酶。

茶多酚无毒，对人体无害，除抗氧化外，还能杀菌消炎，强心降压。添加在饮料中可防止维生素 A、维生素 C 等多种维生素降解，保护其中的营养成分。

3. 膨松剂

膨松剂也称疏松剂，其作用原理是通过酵母发酵产气或在焙烤或油炸过程中的化学膨松剂受热分解产生气体，从而使面胚起发，体积胀大，内部形成均匀致密海绵状多孔组织，使食品具有酥脆、疏松和柔软等特征。

常用的膨松剂有以下几种。

① 碱性膨松剂：碳酸氢钠、碳酸氢铵等。

② 酸性膨松剂：明矾、磷酸氢钙、酒石酸氢钾。

③ 复合膨松剂：如发酵粉等。

④ 生物膨松剂：如酵母。

膨松剂要适量使用，如果过量使用，虽然口感好，但却会影响儿童骨骼和智力发育。研究表明，膨松剂中铝的吸收对人体健康不利，因而人们正在研究减少硫酸铝钾和硫酸铝铵等在食品生产中的应用，并探索用新的物质和方法取代其应用，尤其是取代在油条中的应用。

四、食品添加剂的安全问题

据调查有超过80％的人认为食品的安全问题是由添加剂造成的。曾经流传着这样一条短信："从大米里认识了石蜡；从银耳、蜜枣里认识了硫黄；从火锅里认识了福尔马林；从火腿里认识了亚硝酸钠；从咸鸭蛋里认识了苏丹红；从奶粉里认识了三聚氰胺。"这些都是食品添加剂惹的祸吗？事实上迄今为止，在我国对人体健康造成危害的食品安全事件中，没有一起是由于合法使用食品添加剂引起的。

世界各国对食品添加剂都有严格的管理和规定。我国2009年实施的食品安全法规定：食品添加剂的生产、使用、管理都必须遵循中华人民共和国食品安全法。而且规定食品添加剂必须是技术上确实有必要使用的，并经过风险评估证明是安全可靠的才可以列入相关标准。

国家对食品添加剂的生产实行许可制度。新食品添加剂和营养强化剂，已列入的品种需扩大使用范围和使用剂量的，必须向卫生部申报，并向国务院授权负责食品安全风险评估的部门，提交相关产品的安全性评估材料。所以合法使用的食品添加剂都是安全的。

目前民众对食品添加剂存在三大认识误区。

1. 非法添加物等同于食品添加剂

误区解答：非法添加物≠食品添加剂。只有列入《食品添加剂使用标准》（GB2760—2011）的添加剂才称为食品添加剂，除此之外添加的均为非法添加物。如苏丹红、瘦肉精、三聚氰胺等均属于非法添加物，是这些非法添加物让食品添加剂背了黑锅！

2. 大量或长久食用含食品添加剂的食品对人体有害

误区解答：剂量决定毒性！在食品添加剂的安全评价中就已经考虑到"大量"和"长期"的问题，只要没有超剂量、超范围和重复使用食品添加剂，并且也没有用工业品代替食品级添加剂，严格按标准使用，安全性问题就不足为虑。

例如酸奶和冰激凌里的明胶是通过动物骨头或皮提炼而成，主要用作增稠剂。但如果酸奶及一些药用胶囊中用工业明胶代替食品级明胶，就属于非法添加，安全性就无法保障。

3. 不含任何食品添加剂的食品更安全

误区解答：不含添加剂是误导！商家为了迎合消费者的心理，宣传"本品不含任何食品添加剂"，其实是对消费者的误导和欺骗。现代食品加工很难完全离开食品添加剂，如果没有食品添加剂，食品的安全很难保证。如肉类、花生等食品，如果没有防腐剂，不久就会产生肉毒杆菌和黄曲霉毒素，这些毒素会给人带来生命危险，其危害远比防腐剂大成百上千倍。

五、食品添加剂的安全选用

要正确看待食品添加剂，同时也要学会安全选用食品添加剂。

1. 防范食品添加剂的危害

① 在超市买东西，务必养成翻过来看"背面"的习惯。尽量买添加剂少的食品。

② 选择浅度加工的食品。买食品的时候，要尽量选择浅度加工的食品。加工度越高，添加剂也就越多。

③ "知道"了以后再吃。在知道了食品中含有什么样的添加剂之后再吃。

④ 不要直奔便宜货。便宜是有原因的，在价格战的背后，有食品加工业者在暗中活动。

⑤ 具有"简单的怀疑"精神。"为什么这种汉堡包会这么便宜？"，具备了"简单的怀疑"精神，在挑选加工食品的时候，真相自然而然就会出现。

2. 应该少吃或干脆不吃的食品添加剂

① 钠：披萨饼、外卖汤、番茄汁和熟肉等食物中含有大量钠，过量食用会导致脑中风和心脑血管疾病。专家建议，普通成年人每天钠的摄入量不应超过 2300mg，也就是一茶匙的量。

② 反式脂肪酸：汉堡包、薯条和外卖爆米花中就含有大量的反式脂肪酸，它会导致胆固醇增高及冠心病。

③ 高果糖玉米糖浆：在汽水、麦片和调味品中都能发现这种甜味剂和防腐剂。过量食用会导致肥胖症和糖尿病。

④ 食用色素：食用色素常见于水果制品和运动饮料中，会导致儿童多动症，动物实验表明，它还与癌症有关。

⑤ 安赛蜜：这种不含热量的人工甜味剂会用于糖块、口香糖和薄荷糖的加工。动物实验表明，它会致癌。

⑥ 氢化植物油：作为一种保鲜剂和提味剂，氢化植物油常代替黄油和脂肪，用于沙拉酱、人造黄油和焙烤食物的加工。它会导致肥胖症、高胆固醇和心脏病。

⑦ 阿斯巴甜和糖精：这些不含热量的蔗糖替代物常用于制作餐桌甜味剂和节食饮料。有研究显示它们可能会致癌。

⑧ 亚硝酸钠：这种保鲜剂可用于午餐肉、腌肉和鱼肉中，会导致多种癌症。

⑨ 面粉处理剂溴酸钾：这种添加剂会用于面粉和面包制品加工，可致癌。在很多国家是禁止使用的，但在美国是合法的。

⑩ 味精：可见于肉排、酱油和烧烤调料中，可能会导致头疼、恶心和胸痛，而且不能和一些处方药同食。

【任务拓展】
探究"方便面是如何防腐的"。

【知识点小结】

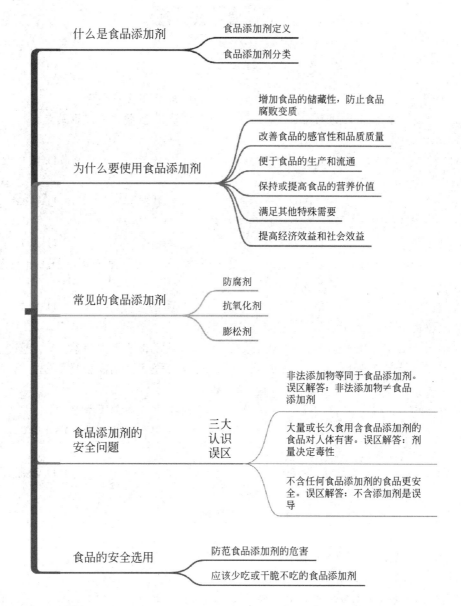

食品添加剂的秘密

什么是食品添加剂
- 食品添加剂定义
- 食品添加剂分类

为什么要使用食品添加剂
- 增加食品的储藏性，防止食品腐败变质
- 改善食品的感官性和品质质量
- 便于食品的生产和流通
- 保持或提高食品的营养价值
- 满足其他特殊需要
- 提高经济效益和社会效益

常见的食品添加剂
- 防腐剂
- 抗氧化剂
- 膨松剂

食品添加剂的安全问题
- 三大认识误区
  - 非法添加物等同于食品添加剂。误区解答：非法添加物≠食品添加剂
  - 大量或长久食用含食品添加剂的食品对人体有害。误区解答：剂量决定毒性
  - 不含任何食品添加剂的食品更安全。误区解答：不含添加剂是误导

食品的安全选用
- 防范食品添加剂的危害
- 应该少吃或干脆不吃的食品添加剂

一、选择题（单选和多选）

1. 红曲色素属于（　　　）。

　　A. 食用合成色素　　　　　　　　　　B. 非食用合成色素

　　C. 从植物组织中提取的色素　　　　　　D. 从微生物体中提取的色素

2. 下面物质属于天然着色剂的是（　　　）。

　　A. 柠檬黄　　　　　　B. 甜菜红　　　　　　C. 日落黄　　　　　　D. 胭脂红

3. 下列属于鲜味剂的成分是（　　　）。

　　A. 盐　　　　　　　　B. 蔗糖　　　　　　　C. 肌苷酸　　　　　　D. 淀粉

4. 什么物质使螃蟹煮熟后的颜色呈现红色？（　　　）。

　　A. 花青素　　　　　　B. 虾红素　　　　　　C. 姜红素　　　　　　D. 苏丹红

5. 食品添加剂是用于改善食品（　　　），延长食品（　　　），便于食品加工和增加食品营养成分的一类（　　　）或化学（　　　）物质。

　　A. 合成　　　　　　　B. 品质　　　　　　　C. 保存期　　　　　　D. 天然

6. 非法使用食品添加剂的行为不包括（　　　）。

　　A. 使用非法添加物　　　　　　　　　　B. 使用工业级添加剂

　　C. 使用药食两用物质　　　　　　　　　D. 超范围超剂量使用

7. 烹饪时，味精的使用条件是什么（　　　）。

　　A. 在温度为 100～210℃ 下使用效果更佳　　B. 在碱性条件下加热

　　C. 在 pH 小于 5 的酸性菜肴中　　　　　　D. 一般使用温度为 80～120℃

8.（多选）下面物质不准作为食品添加剂的是（　　　）。

　　A. 柠檬黄　　　　　　B. 苏丹红　　　　　　C. 塑化剂　　　　　　D. 胭脂红

9.（多选）关于天然色素的说法不正确的是（　　　）。

　　A. 天然色素包括叶绿素、姜黄素、β-胡萝卜素等

　　B. 稳定性与人工色素相当

　　C. 使用安全，食品中多多益善

　　D. 本身无营养，但可使食品颜色诱人

10.（多选）我国规定禁止使用防腐剂的食品是（　　　）。

　　A. 奶粉　　　　　　　B. 瓶或桶装饮用水　　C. 食用植物油　　　　D. 糖果

二、判断对错

1. 大量或长久食用含食品添加剂的食品对人体有害。

2. 不含任何食品添加剂的食品更安全。

3. 食品添加剂按来源分可分为天然提取物，如辣椒红；利用生物发酵等方法制取的类天然物质，如柠檬酸；以及纯化学合成物，如苯甲酸钠。

4. 柠檬黄是一种食用色素，可以添加在面食中来改变其色泽。

5. 天然的食品添加剂一定比合成的安全性高。

6. 防止变质、改善食品的感官性状、保持或提高食品的营养价值、增加食品的品种和方便性都是食品添加剂的功效。

7. 味精的学名是 L-谷氨酸钠。

8. 果糖属于营养性天然甜味剂。

9. 食品添加剂对食品的营养成分不应有破坏作用，可以掩盖食品本身或者加工过程中的质量缺陷或以掺杂、掺假、伪造为目的而使用食品添加剂。

10. 烧肉时宜多放花椒，鱼类重点多放姜，贝类重点多放葱，禽肉重点多放蒜。

项目三

探索对健康有影响的其他常见物质

【项目说明】

药物、烟、酒、茶是生活中常见的物质，毒品是必须重视的物质，这些物质对健康都有影响。本项目将带领大家学习这些常见物质的知识，以便正确选择和使用药物，正确饮酒和饮茶，拒绝烟草，培养健康向上的生活习惯。

任务一 走近药物化学

【任务介绍】

选一种你熟悉的药物，完成以下任务。

1.指出药物的普通名、商品名和化学名。

2.阅读药品的说明书，了解该药物的相关知识，指出服用注意事项。如你以前没按要求服用，请改进。

【任务分析】

学习与药物化学相关的知识，结合个人情况，在日常生活中学会正确选择和使用药物。

【相关知识】

人类平均寿命在 1850 年不到 40 岁，21 世纪初增长到接近 80 岁（见图 3-1-1）。因此，联合国前秘书长安南在 1999 年的国际老年启动年会上向全世界宣布"21 世纪是长寿的年代"。

人类寿命不断增长的原因除了生活条件的极大改善外，也与使用各种新型药物治疗疾病有关系。

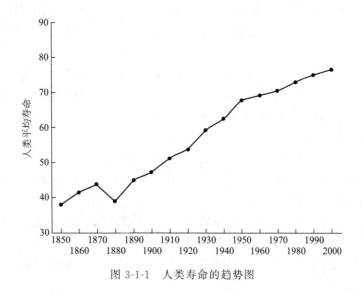

图 3-1-1　人类寿命的趋势图

一、药物的概念、分类和命名

1.药物的概念

药物是具有治疗、诊断、预防疾病，或调节人体功能、提高生活质量、保持身体健康的特殊化学品。

药物有三个基本属性：有效性、安全性、稳定性。药物的质量指标均必须符合国家规定的标准。

2.药物的分类

药物可按多种标准分类，常见的分类方法如下。

（1）按来源分类

药物按来源分为天然药物和合成药物。

天然药物是自然就有，不经加工或经简单加工就能得到的药物。天然药物又可分为植物性药物、动物性药物和矿物性药物。植物性药物，如黄连素、甘草等。动物性药物，如牛黄、蟾酥等。矿物性药物，如白矾、泻盐等。

合成药物是用化学合成或生物合成等方法制成的药物。化学合成包括有机合成和无机合成。生物合成包括全生物合成和部分生物及部分化学合成。常见药物中很多是合成药物，如胃舒平、头孢氨苄等。

（2）按照化学组成分类

按照化学组成可分为无机药物和有机药物。如白矾，主要成分是 $KAl(SO_4)_2 \cdot 12H_2O$，是一种无机物；而维生素 C 是一种有机物。

（3）按照作用分类

药物按它的作用分类，可分为预防性药物和治疗性药物。

预防性药物是防止人类机体受病菌或病毒感染的药物，一般可分为消毒剂和杀菌剂。能杀死病毒、病原体的药物叫消毒剂，能消灭细菌或抑制它们繁殖的药物叫杀菌剂。在医药上有许多药物兼有杀菌和消灭病毒两项作用，因此常把能杀菌、能消毒的药统称为消毒剂。卤素、次氯酸钠、过氧化氢、高锰酸钾等是常见的消毒剂，通常其本身有毒性，所以一般都是外用的。

治疗性药物是指能减轻或治愈已经发生的疾病的物质，可分为外敷药和内服药。外敷药是人体某一部分或器官受伤而敷治的药物，如红汞、碘酊等，内服药是口服或注射到人体内部治疗疾病的药物，如阿司匹林和麻黄素等。

（4）按管理分类

药物可按管理分类，分为非处方药、处方药和特殊管理药品。

非处方药，简称 OTC，不需要凭医生处方便可自行判断、购买和使用的药品，一般在药店柜台上就能买到，如复合维生素 B 片。

处方药是考虑到医疗安全，只能在医疗监护下使用的药品，必须凭执业医师或者执业助理医师的处方才可以调配、购买、使用的药品。

特殊管理药品包括麻醉药品、精神药品、医用毒性药品、放射性药品。

3. 药物的命名

每一种药物至少有三种名称：化学名、普通名和商品名。

化学名描述药物的原子或分子结构，除用于一些简单的无机物外，如碳酸钠（Na_2CO_3），很少用于一般药物。

中国药品普通名以《中国药品通用名称》为命名依据，而《中国药品通用名称》是以《国际非专有药品名称》为依据并结合我国的情况而制定的。

商品名由制药公司选择。独特、简短并容易记住的商品名便于医师开处方及消费者按名索购。

如图 3-1-2 所示的药品，泰诺林是商品名，对乙酰氨基酚是通用名，缓释片是指在水中或规定的介质中缓慢地非恒速释放药物的片剂。对乙酰氨基酚的俗名就是扑热息痛，化学名是 N-(4-羟基苯基)乙酰胺。

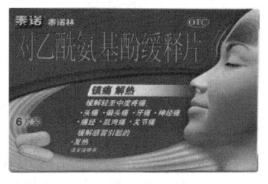

图 3-1-2　泰诺林

二、药物与化学

药物和化学的关系紧密。如果没有化学，就不可能有这么多药品。绝大多数药品都是化学合成的，即便不是化学合成的也需要用化学的方法来提取、分离或提纯。很多中成药也是需要用化学方法才能制成。药品的检验、含量测定都需要用化学的方法来完成。下面举两个例子说明药物化学对人类健康的贡献。

1. 阿司匹林

阿司匹林是一种历史悠久的解热镇痛药，诞生于 1899 年 3 月 6 日。用于治疗感冒、发热、头痛、牙痛、关节痛、风湿病，还能抑制血小板聚集，预防和治疗缺血性心脏病、心绞痛、心肺梗塞、脑血栓，也可应用于血管形成术及旁路移植术。

合成阿司匹林的主要原料是水杨酸，化学名叫邻羟基苯甲酸。水杨酸来自水杨柳等植物，这些植物通过水杨酸来进行自我保护，保护它们不受昆虫和疾病的危害。古代的巫医就知道用柳树皮熬成汤来治病，古希腊医师早就推荐过用柳树皮榨的汁治疗关节痛。但是水杨酸毕竟是能腐蚀胃黏膜的酸，对胃的刺激大。

化学家将水杨酸与乙酸酐在酸催化作用下反应制得乙酰水杨酸，反应式如下：

乙酰水杨酸就是阿司匹林，但结构中含有羧基，对胃仍有刺激性。化学家将其改造，制出了乙酰水杨酸钠或乙酰水杨酸钙，大大降低了刺激性，并通常制成肠溶片，也称为阿司匹林片。乙酰水杨酸与氢氧化钠反应生成乙酰水杨酸钠过程如下式所示。

阿司匹林历经三个世纪，已经一百多年历史，但是用途越来越多，治疗疾病的面越来越广，而本身副作用较小，所以人们把它叫做"世纪神药"。

2. 青霉素

青霉素，也叫盘尼西林或青霉素G，是一种抗生素。

抗生素一般是指由细菌、霉菌等在繁殖过程中产生的能够杀灭或抑制其他微生物的化学物质。用于治病的抗生素可由此提取，也可完全人工合成或部分人工合成。

青霉素的发现纯属偶然。1928年的一天，英国细菌学家、生物化学家、微生物学家亚历山大·弗莱明在他的一间简陋的实验室里研究导致人体发热的葡萄球菌。由于盖子没有盖好，他发现培养细菌用的琼脂上附了一层青霉菌，这是从楼上研究青霉菌学者的窗口飘落进来的。使弗莱明感到惊讶的是附近的葡萄球菌忽然不见了，这个偶然的发现深深吸引了他，他设法培养这种霉菌进行多次试验，发现青霉菌可以在几小时内将葡萄球菌全部杀死。据此弗莱明发现了葡萄球菌的克星——青霉素。

但由于当时技术不够先进，认识不够深刻，弗莱明并没有把青霉素单独分离出来。

1941年前后英国病理学家霍华德·弗洛里与德国生物化学家恩斯特·钱恩实现对青霉素分离与纯化，并发现其对传染病的疗效，但是青霉素会使个别人发生过敏反应，所以在应用前必须做皮试。青霉素在二战末期横空出世，迅速扭转了盟国的战局。战后，青霉素更得到了广泛应用，拯救了数以千万人的生命。因这项伟大发明，1945年，弗莱明、弗洛里和钱恩因"发现青霉素及其临床效用"而共同荣获了诺贝尔生理学或医学奖。

青霉素的分子中含有青霉烷，能破坏细菌的细胞壁，并在细菌细胞的繁殖期起杀菌作用，属于β-内酰胺类抗生素。

天然青霉素存在抗菌谱窄、不耐胃酸、口服无效、不耐酶、易水解等缺点，并且因为滥

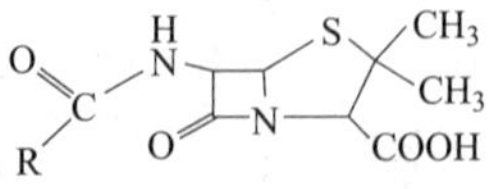

图 3-1-3　青霉素结构式

用使细菌产生了抗药性。因此，化学家研究其结构式（见图 3-1-3），改变烷基链的结构，可得到不同种类的青霉素，如羟氨苄青霉素（阿莫西林）等。

三、合理用药

一些常见药物对健康的作用是显而易见的！

生病意味着不健康，不健康不意味着吃药，更不能滥用药！常有人把维生素当作补品，滥用维生素，不仅造成浪费，而且对身体也没有好处，会引起过敏反应，甚至出现严重中毒。如果长期食用维生素 D 会导致肾脏损害、骨骼硬化等；维生素 B_1 过量会引起头痛、眼花、心律失常、烦躁、浮肿和神经衰弱等；大量食用维生素 C 引起腹痛、腹泻、糖尿病、肾结石等症状。因此，合理用药才能对健康起到正面的作用。

1. "七个适当"

古人云："是药三分毒"。怎样用药才合适呢？可概括为"七个适当"。

① 适当药物。根据身体状况，选择适当的药物。

② 适当的剂量。严格遵守医嘱或说明书的剂量服药。

③ 适当的时间。有的药需要饭前服用，有的药需要饭后服用，有的药需要在两餐之间服用。随意服用会影响用药效果。

④ 适当的途径。适用口服的药物尽量不要采用静脉给药。现在提倡一种序贯疗法，即输液控制症状之后，改换口服药物进行巩固治疗。

⑤ 适当的病人。同样一种病发生在两个人身上，由于个体的差异，即使使用同一种药物，也要全面权衡。一个治疗方案不可能适用于所有的人。

⑥ 适当的疗程。延长给药时间，容易产生蓄积中毒、细菌耐药性、药物依赖性等不良反应的现象，而症状一得到控制就停药，往往又不能彻底治愈疾病。只有把握好周期，才能取得事半功倍的效果。

⑦ 适当的目标。生了病往往希望药到病除，彻底根治，或者不切实际要求使用没有毒副作用的药物。要根据具体情况，采取积极、正确、客观的态度，正确对待病症。

药物用得好，可以药到病除，并使人很快恢复健康；用得不好，不仅于病无补，还可能增添新病，严重时甚至会夺人性命。因此患者用药时必须在医生或药师的指导下合理进行，只有遵循用药规律，才能确保用药安全有效，并使身体早日康复。

2. 小药箱里装着大健康

药品是每个人或家庭必备品，特别是有老人、小孩的家庭，家里准备一些常用的药品是非常有必要的。个人或家庭小药箱，很有可能让我们在应对突发事件和家庭用药上都受益匪浅。小药箱通常应该包括一些常用药物，如感冒药、解热镇痛药、外用消毒消炎药等。如有特殊病人的话，还应该准备一些治疗该病的药物，如救心丸等。

【知识点小结】

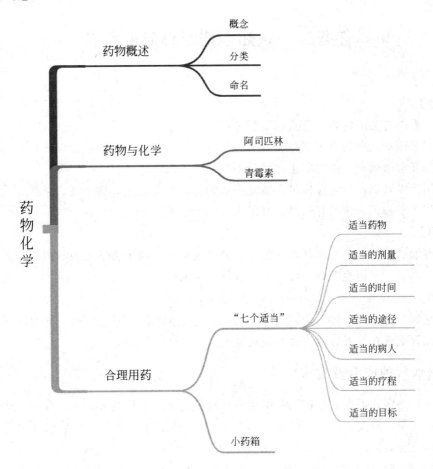

任务二 认知香烟对健康的危害

【任务介绍】

学习与香烟有关的内容，完成以下任务。

1.认识香烟烟气中的有害成分及其危害。

2.深刻理解吸烟对人体的危害，做到不吸烟、不敬烟。

3.利用所学知识，当好宣传员，教育身边的亲朋好友拒绝香烟、健康生活。

4.利用所学知识，帮助有吸烟嗜好的人戒烟。

【任务分析】

学习香烟的相关知识，深刻理解香烟对健康的危害。利用所学知识和网络资源，宣传和教育身边的亲朋好友拒绝香烟，做一名追求健康生活的人。

【相关内容】

香烟是烟草制品的一种。1843年6月25日，法国制造了历史上第一批用以商业贩售的香烟，从此香烟就在世界各地传播并流行起来。

一、香烟烟气的成分及危害

据科学家测定，香烟的原料烟草中含有数百种复杂的化学成分，大部分对人体有害，其中焦油、尼古丁、酚类、醇类、酸类、醛类等40多种是有毒物质。香烟烟气包含了烟草中所有的化学成分，同时又增加了一些有害物质，合计4000多种，其中400多种具有毒性，超过50种能致癌。这是因为香烟在制作过程中，加入了可可、甘草、糖、甘油、乙二醇等调味、湿润、产香、助燃物质。这些添加剂本身无害，但在燃烧过程中起了变化。其中对人体健康最为有害的是焦油、放射性物质、尼古丁（烟碱）、一氧化碳、醛类等（见表3-2-1）。

表3-2-1　烟气中的部分有害成分及对人体的危害

有害成分	对人体的危害
苯并芘、二甲基亚硝胺、β-萘胺	对人体具有致癌作用
腈类、胺类、重金属元素	对细胞产生毒副作用
一氧化碳	使红细胞失去荷氧能力
酚类化合物	对人体具有促癌作用
尼古丁等生物碱	使人产生成瘾作用
醛类、氮氧化物、烯烃	对呼吸道黏膜产生炎症刺激

1. 焦油

焦油是不挥发性 N-亚硝胺、芳香族胺、链烯、苯、萘、多环芳烃、N-杂环烃、酚、羧酸等物质的浓缩物。由于香烟抽吸时烟头的中心温度近八百摄氏度，所以大多数的焦油气化被吸入体内。烟焦油中的多环芳烃苯并芘是致癌物质，酚类及其衍生物则是促癌物质。因此，烟焦油被认为是诱发各种癌症的首要因素。

2. 放射性物质

烟气中最有害的放射性物质是钋（Po），它放出的 α 射线能把原子转变成离子，损害活细胞的基因，或是杀死它们，或者把它们转变为癌细胞。据估计，吸烟者接触钋（Po）的放射剂量超过非吸烟者 30 多倍。每天吸 30 支香烟的人，全年肺脏接受的放射性剂量相当于接受了约 300 次胸部 X 光照射。有研究证明，吸烟者患肺癌的半数与放射性物质有关。

3. 尼古丁

尼古丁俗名烟碱，是烟草的特征性物质。吸烟时尼古丁很快进入血液作用于肾上腺，使肾上腺素的分泌增加，还刺激中枢神经系统，使向心脏和全身组织供应氧气的血管发生缩窄，影响血液循环，导致心率加快，血压上升，使心肌需氧量增加，心脏负担加重，促使冠心病发作。尼古丁还可使胃平滑肌收缩而引起胃痛。有人认为，长期吸烟的人发生慢性气管炎、心悸、脉搏不整、冠心病、血管硬化、消化不良、震颤、视觉障碍等都与尼古丁有关。

尼古丁最大的危害在于其成瘾性。尼古丁在人体内无累积性，不会长久停留在人体中。吸烟后两小时，尼古丁通过呼吸和汗腺绝大多数被排除。长期吸烟，机体会习惯于血液内存在一定浓度的尼古丁。当血液中尼古丁浓度下降时，便渴望要求尼古丁浓度恢复到原来高的水平，于是得再吸一支，所以加强了吸烟愿望，形成烟瘾，造成恶性循环，意志薄弱者很难戒掉。

4. 一氧化碳

一氧化碳，是烟草不完全燃烧的产物，化学式为 CO，是一种强配位体。作化学配位体时叫羰基。烟气中一氧化碳吸入肺内，与血液中的血红蛋白迅速结合，形成羰基血红蛋白。由于羰基对血红蛋白的结合力比氧与血红蛋白的结合力大 200 多倍，削弱血液中血红蛋白的携带氧的能力，减少了心脏等重要器官所能利用的氧，从而加快心跳，增加心脏负荷，天长日久造成心脏功能的衰竭。

一氧化碳与尼古丁协同作用，极大地危害吸烟者的心血管系统，对冠心病、心绞痛、心肌梗死、缺血性心血管病、脑血管病以及血栓性闭塞性脉管炎都有直接影响，由此造成的死亡率是十分惊人的。与不吸烟者相比，吸烟者的冠心病发病率要高 5～10 倍，猝死率高 3～5 倍，心肌梗死发病率高 20 多倍，大动脉瘤发病率高 5～7 倍。

5. 醛类

烟气中的醛类物质主要为甲醛和丙烯醛。甲醛气体带有明显的刺激性气味，对呼吸道黏膜有刺激作用，长期的慢性刺激可引起黏膜充血，诱发呼吸道炎症。丙烯醛可促进黏液腺分泌更多的黏液，同时还破坏支气管黏膜上的纤毛，抑制气管纤毛将分泌物从肺内排出，从而带来呼吸困难，发展成慢性支气管炎和肺气肿，甚至肺心病。

二、拒绝香烟

2019 年有数据统计，全球吸烟人数竟高达 10 亿，我国的烟民人数已超过 3 亿，吸烟者总数位列世界首位，且有 7.4 亿人深受"二手烟"的危害，每年死于与吸烟相关疾病的人数就超过 600 万。对此，相关专家都表示，"吸烟无异于慢性自杀"，可尽管如此，还是有很多人执迷于吸烟而无法自拔。

青少年吸烟除了易患各种与烟有关的疾病外，还会影响机体和智力的发育。体检表明，吸烟学生的身高、胸围、肺活量都比不吸烟的同龄学生低。长期观察证实，吸烟学生的灵活性、耐力、运动成绩、学习成绩和组织纪律性都比不吸烟的学生差。

吸烟危害健康已是不争的事实，拒绝香烟，不吸烟，既是对自己的健康负责，也是关爱他人、具有高尚公共卫生道德的体现。假如你已经加入了可怕的吸烟人群，应尽早戒烟。戒烟方法很多，诸如针灸戒烟、戒烟糖和戒烟茶等，但主要是心理取胜，吸烟者真正认识到吸烟的危害性，就会下决心及早戒除。那些自以为掌握健康吸烟的做法，完全是对烟草危害的错误认识和自欺欺人的借口。

下面向你推荐有效戒烟的 8 项措施：

① 改变吸烟时的习惯，刻意地让自己不舒服。比如换一只手拿烟，改变烟卷叼在嘴里的位置，不要使用打火机，改成火柴；

② 指定吸烟的时间和场所。比如设定饭前、饭后一小时内不可以吸烟，会议中不可以吸烟，在家里，只在一个固定地方吸烟等；

③ 查看吸烟记录，看你是在什么时候非吸不可，注意你在什么地点经常吸烟，在这个时间段和地点尤其注意克制；

④ 训练自己，让自己没有香烟也能过下去。方法就是当你想吸烟时，不要立即吸，先忍三分钟。在这期间如果实在控制不了，就找一个能替代香烟的东西，比如含块糖来分散注意力；

⑤ 办公室、家里以及身上不要装香烟，为自己创造一个无法自由吸烟的环境；

⑥ 在开始戒烟的前一天，把剩下的香烟、打火机以及烟灰缸等吸烟器具全都扔掉；

⑦ 戒烟的过程中，人们一般都会出现烦躁、头痛、精神不振等症状，也就是烟瘾发作，这类症状大多只是尼古丁从体内排出发生的暂时性症状，这正是恢复健康的证明，从心理上给自己这样一个明确的暗示更有助于戒烟成功；

⑧ 香烟复吸大多是在戒烟后的 1～2 周内开始，这时身体对尼古丁的依赖感仍然很强，但只要挺过了这个时期，烟瘾的症状就会慢慢消失，戒烟后的生活才算踏上正轨。

调查发现，最想吸烟的时间和地点很有规律，比如早起、饭后、喝酒、喝咖啡、和人谈话、开会、心情不好、紧张、打电话、放松、无聊、嘴里没味儿、看电视、查资料写东西的时候，这时可采取以上策略克服。从一些戒烟成功人士的经验看，几个吸烟的人约定同时戒烟，相互鼓励，共同监督，更容易戒烟成功。

【任务拓展】

1.以自己所在班级同学为调查对象，完成如下调查报告：

班级名称：	调查时间：
班级人数	男生吸烟比例
男生人数	女生吸烟比例
女生人数	吸烟总人数
男生吸烟人数	吸烟总比例
女生吸烟人数	结论

2.以"拒绝香烟 健康生活"为题，制作宣传看板一期。

【知识点小结】

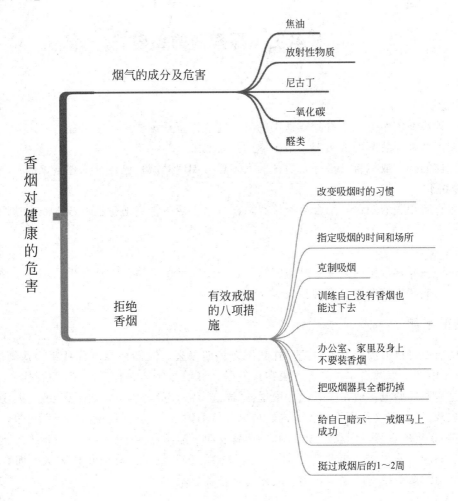

任务三　探索酒的秘密

【任务介绍】

选一种你在宴席上经常看到或饮用的酒，完成以下任务。

1.阅读酒外包装上的说明书，指出酒的主要成分。

2.如你的亲友或你自己正好是贪杯的人，思考如何劝诫自己或他人适量饮酒。

【任务分析】

学习与酒相关的知识，结合个人情况，在日常生活中学会适量饮酒或干脆不饮酒，保护自己或他人。

【相关知识】

酒是一种非常奇特而又富于魅力的饮品，一经问世便迅速进入社会生活的各个领域，以其独特的功能与人们的生活密切相关。

一、酒的起源

酒的历史可以追溯到上古时期。在我国，长期以来，人们一直尊称杜康为造酒的始祖。《说文解字中部》里载有："古者少康初作箕帚、秫酒。少康，杜康也。"而晋代江统认为，杜康不是造酒的始祖，他在《酒诰》中说："酒之所兴，肇自上皇，成于帝女。"西汉《战国策》中也载："……仪狄作酒而美，进之禹，禹饮而甘之。"也就是说酒的起源更早，始于比杜康早1000年的黄帝，即在距今5000年前就发明了酿酒法。酿酒是古代劳动人民集体智慧的结晶。酒的发明比文字出现要早得多，所以酒的起源没有准确的年代记载，而有文字记载、全面论述酿酒技术的著作，当推北魏农学家贾思勰的《齐民要术》。

二、酒的分类

酒的分类方法有很多。

1. 习惯分类法

我国商业上按传统的分类习惯，将酒分为白酒、葡萄酒、啤酒、黄酒、果露酒、药酒、其他酒。

白酒的度数一般较高，品质好的白酒颜色透明，经固体发酵、长期贮存、严格酿制而成。根据生产原料和酿造工艺分为大曲酒、麸曲酒和液态酒。

葡萄酒指以新鲜葡萄为原料经发酵酿制而成的饮料酒，所含酒度不得低于7%。

啤酒以大麦芽为主要原料，添加啤酒花，经酵母发酵酿制而成，是一种含二氧化碳、低酒精度的饮料酒。

黄酒属于酿造酒，以糯米或大米制成。酒度一般为11%～18%。

2. 按酒度分类

酒度是指酒里乙醇（酒精）的含量。

酒按酒度分为高度酒、低度酒和中度酒。高度酒酒度大于 40%，低度酒酒度小于 20%，中度酒酒度为 20%～40%。

啤酒例外，啤酒的度数是指麦芽汁的含量。

3. 按生产工艺分类

酒按生产工艺分为酿造酒、蒸馏酒和配制酒。

酿造酒是在发酵终了稍加处理即可饮用的低度酒，如葡萄酒、啤酒、黄酒、清酒等。

蒸馏酒是在发酵之后，再经蒸馏而得的高度酒，如白酒、白兰地、威士忌、伏特加。

配制酒是用酿造酒或者蒸馏酒为原料添加香料、药品、糖分或其他物质制成的酒，如红果酒、青梅酒、枣酒、薄荷酒等。

三、酒的成分

不同类型的酒的成分差别很大。

1. 白酒的成分

我国能经得住考验、并屡受好评的十大名酒：茅台、剑南春、西凤、泸州老窖、汾酒、五粮液、古井贡、洋河大曲、双沟大曲、董酒都是白酒。

水和酒精是白酒的主要成分，占总量的 98%。白酒的成分比较复杂，除含有醇类、总酸、酮类、酯类、维生素等有益成分外，还有一些危害健康的物质，如甲醇、总醛、氰化物、铅等。但正由于白酒成分复杂，从而产生了酱香型、浓香型、清香型、米香型、混合型等不同香味口感的白酒。

（1）酒精

酒精就是乙醇，无色透明液体，有独特的辛辣气味，具有较强的刺激性。酒精是衡量白酒酒度高低的标志。

（2）总酸

白酒中各种酸的总称，可提高酒的风味。白酒中的有机酸主要是指醋酸、丁酸、己酸和乳酸。一般白酒总酸含量为 0.06～0.15g/100mL（以醋酸计）。

（3）总醛

总醛是白酒中各种醛的总称，主要是乙醛、乙缩醛、丙烯醛及糠醛。醛类多数是醇氧化成酸的中间产物，如果含量多，酒的质量次。醛具有强烈的刺激性和辛辣味，饮后头晕，有害健康，一般白酒总醛含量不宜超过 0.02g/100mL（以乙醛计）。

（4）高级醇

高级醇也叫杂醇油。白酒中存在的高级醇主要是异戊醇、异丁醇、正丙醇和少量其他高级醇。具有苦涩味，过多易引起头晕。一般要求杂醇油含量不能超过 0.15g/100mL（以戊醇计）。

（5）甲醇

甲醇主要来源于白酒原料中的果胶物质，果胶物质发酵会生成甲醇，如用薯类及代用原料作为白酒原料，因果胶物质含量较高，成品酒中甲醇含量相应也高，酒的质量也会差。甲醇可损伤人的视觉神经导致失明。

国家食品卫生标准中规定，粮食白酒中甲醇不得超过 0.04g/100mL，薯干等代用原料不得超过 0.12g/100mL。

（6）氰化物

以木薯或代用品为原料酿造的白酒，原料中的成分在发酵中分解形成氰化物。氰化物有剧毒，对人体健康有害无益。

（7）铅

酒中有毒的重金属，主要来源于酿酒容器和冷凝器。白酒中铅含量不能超过 $1 \times 10^{-6} g \cdot mL^{-1}$。

2. 葡萄酒

葡萄酒的主要成分也是乙醇和水，还含有多种对人体有益的物质。

（1）糖

葡萄酒中的糖通常是浆果中未经发酵的部分。可按含糖量区分。

① 干葡萄酒：酒中的糖分几乎已发酵完，总糖低于 4g/L。饮用时觉不出甜味，酸味明显。

② 半干葡萄酒：总糖 4～12g/L。

③ 半甜葡萄酒：总糖 12～50g/L。

④ 甜葡萄酒：总糖 50g/L 以上。

（2）甘油

甘油是葡萄汁发酵的主要副产物，其含量通常为 5～12g/L。

（3）酸

葡萄酒中的酸主要有两大类。

① 葡萄浆果本身的酸，即酒石酸、苹果酸和微量柠檬酸。

② 发酵产生的酸，如乳酸、琥珀酸和醋酸等。

葡萄酒含酸量过低，则口味平淡，贮藏性差；相反，含量过高，则酒体粗糙、瘦弱。因此，葡萄酒中酸的成分和含量可影响葡萄酒的协调感和贮藏性。

（4）其他物质

在葡萄酒中，还含有很多其他的物质，如酯类、高级酯、脂肪酸、芳香物质、多种矿物质（包括微量元素）、微量的二氧化碳、三氧化硫以及多种维生素（维生素 B_1、维生素 B_2、维生素 B_6、维生素 B_{12}、维生素 C、维生素 H、维生素 P 等）和各种氨基酸。

葡萄酒的有效成分为糖类、果胶类、多酚化合物、有机酸、无机物、微量元素、22～25种氨基酸（8 种必需氨基酸齐全）、维生素。

无论在葡萄还是在葡萄酒中，都含有人体必需的八种氨基酸，且其含量与人体中的含量非常接近，所以经常适量饮用可以补充人体所需的氨基酸。从保健的角度看，葡萄酒具有增进食欲、增强记忆力、滋补助消化、减肥、利尿及杀菌作用。从医疗的角度看，葡萄酒具有防治肾结石、防治心血管病、防癌、养颜、益寿、防中风等功效。因此，葡萄酒被联合国卫生组织批准为最健康、最卫生的食品之一。

3. 啤酒

啤酒是人类最古老的酒精饮料之一，世界消耗量仅次于水和茶，排名第三。

啤酒以大麦芽、啤酒花、水为主要原料，经酵母发酵酿制而成，是饱含二氧化碳的低度酒，被称为"液体面包"。

啤酒的度数指的不是酒精含量而是麦芽汁的浓度，如每千克啤酒含有 120g 麦芽汁，该啤酒就是 12 度。我国生产的啤酒，其酒精含量一般为 4％左右。

啤酒营养成分丰富，含有糖类、氨基酸、维生素及矿物质等。

（1）肽和氨基酸

每升啤酒约有 3.5g 蛋白质的水解产物，肽和氨基酸，它们几乎可以 100％被人体消化吸收和利用。啤酒中碳水化合物和蛋白质的比例约在 15∶1，最符合人类的营养平衡。

啤酒含有 18 种氨基酸，其中有 7 种是人体不能合成的，而且是不可缺少的。

（2）糖类物质

每升啤酒约有 50g 糖类物质，它们是原料中的淀粉被麦芽中含有的各种酶催化水解形成的产物。水解完全的产物，如葡萄糖、麦芽糖、麦芽三糖，在发酵中可被酵母转变成酒精；水解不太彻底的产物，称之为低聚糊精，其中大部分是支链寡糖，可被肠道中有益于健康的肠道微生物利用，协助清理肠道，不会引起血糖增加和龋齿病。

（3）乙醇和二氧化碳

每升啤酒约含 35g 乙醇，是各类饮料酒中乙醇含量最低的。适量饮用啤酒，可以帮助饮者抗御心血管疾病，特别是冲刷血管中刚形成的血栓。

每升啤酒还有 50g 左右的二氧化碳，可以协助胃肠运动，也有益人体健康。

（4）无机离子

啤酒从原料和优良酿造水中得到矿物质，如钠和钾，钠钾比为 1∶（4～5）。这一比例有助于人们保持细胞内外的渗透压平衡，也有利于人们解渴和利尿。

啤酒是低钠饮料，不会导致人体摄入过多的钠而引起高血压。另含钙、镁、锌和硅。钙是人们骨骼生长的必需离子，镁和锌则是人体代谢系统中酶作用的重要辅助物质。锌离子在啤酒中通常处于络合态，有利于人体的吸收。一定量的硅有利于保持骨骼的健康。

啤酒中还含有一些阴离子，因而是一种微酸性的饮料，一般啤酒的 pH 值为 4.1～4.4。

四、酒的代谢过程

从前面的论述可以看到，酒中含有对身体有益的成分，尤其是葡萄酒，但饮酒是不是多多益善呢？要解决这个问题，有必要来了解酒在人体内的代谢过程，见图 3-3-1。

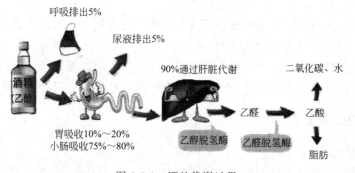

图 3-3-1 酒的代谢过程

酒，特别是烈性酒，一般通过口腔、食管、胃、肠黏膜等吸收到体内的各个组织器官中，并且在 5min 之内即可出现在血液中，等到 30～60min 时，血液中的酒精浓度就可达到最高点。其中胃可以吸收 10％～20％的酒，小肠吸收 75％～80％，只有大约 2％～10％的酒精没有氧化分解，直接经过肾随尿排出，或者是经过肺从呼吸道呼出，或经皮肤、汗腺随着蒸发排出。因此，一个人呼出酒精浓度远远低于体内实际酒精的浓度。

酒精在人体内氧化和排泄速度缓慢，被吸收后积聚在血液和各组织中。脑组织中酒精浓度是血液酒精浓度的十倍。90％以上的酒精是通过肝脏代谢，所以饮酒过量，最受伤的是肝脏。乙醇在体内的分解代谢主要靠两种酶，乙醇脱氢酶能使乙醇分解变成乙醛，而乙醛脱氢酶则能使乙醛脱氢变为乙酸，然后再分解为二氧化碳和水，同时释放出能量。乙酸会让同时吃进去的其他食物热量不容易释放，这样一来，就更容易转化为脂肪囤积在体内了，这是长期过量饮酒形成酒精肚的原因。

因此酗酒的危害很大，如下所述。

① 损害肝脏，使肝细胞受损变性，导致肝硬化；

② 对神经系统、循环系统、肾脏和胃肠道均有一定的毒性；

③ 妨碍叶酸和维生素 B_1 的吸收，引起贫血或多发性神经炎，影响食欲，造成营养不良；

④ 使血压、血脂、胆固醇增加，心血管病发病率增高；

⑤ 刺激肾上腺皮质，使性功能减退，最终造成早衰；

⑥ 使脑细胞受损，影响智力、记忆力；

⑦ 会引起精神、行为失常。

五、健康饮酒

1. 饮酒七忌

（1）忌空腹饮酒。因空腹时酒精吸收快，易醉，对胃肠道伤害大。

（2）忌酒和碳酸饮料混饮。这类饮料能加快身体吸收酒精的速度。

（3）忌边喝酒边抽烟。这样做既伤肝又伤肺，因为香烟中的尼古丁麻醉神经，增加了饮酒量。

（4）忌美酒加咖啡。咖啡会加重酒精对人体的损害，而且危险性还很大。

（5）忌酒后大量饮茶。这样做伤肾、伤胃，同时茶水中的茶碱和酒精共同导致心跳加速，所以酒后喝茶对心脏病人的影响尤其严重。

（6）忌服药后饮酒。酒的化学成分可能会与药物发生反应，可能降低药效，甚至得到相反的效果。饮酒后须间隔12小时才能服药。

（7）忌酒后立刻洗澡。因为酒精会抑制肝脏功能，阻碍糖原释放。酒后洗澡，血糖得不到及时补充，容易发生头晕、眼花、全身无力的情况，严重时还可能发生低血糖而昏迷。

2. 健康饮酒注意事项

健康饮酒要注意以下几点。

（1）适量饮酒。认清个体差异，找到适合自己的最佳饮用量，是健康饮酒的首要问题。即使是被誉为心脏保护神的红葡萄酒，也要限量。一般来说，1kg体重最多对应的是1g酒精。

（2）高度酒温热后饮。

（3）饮酒前喝牛奶。

（4）豆类、富含 VC 类果蔬利于解酒。

可解酒的食物多为含糖且具有酸性的食物，如：

① 水果：西瓜、西红柿、葡萄、香蕉；

② 菜肴：糖醋白菜、糖酸萝卜、泡菜等；

③ 蜂蜜水。

【知识点小结】

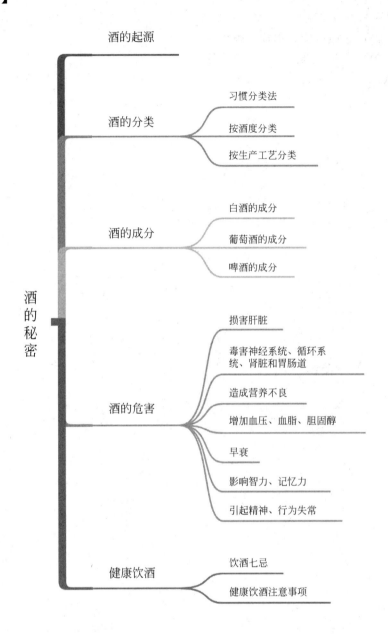

酒的起源

酒的分类
- 习惯分类法
- 按酒度分类
- 按生产工艺分类

酒的成分
- 白酒的成分
- 葡萄酒的成分
- 啤酒的成分

酒的秘密

酒的危害
- 损害肝脏
- 毒害神经系统、循环系统、肾脏和胃肠道
- 造成营养不良
- 增加血压、血脂、胆固醇
- 早衰
- 影响智力、记忆力
- 引起精神、行为失常

健康饮酒
- 饮酒七忌
- 健康饮酒注意事项

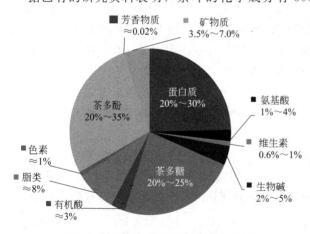

任务四　探索茶叶的秘密

【任务介绍】

学习茶叶的相关知识，完成以下任务。

1.结合个人情况，在茶叶店选择适合你的茶。

2.如果你本人和你的朋友没有饮茶的习惯，试用你所学的知识说服他并为他选择恰当的茶的品种，请他喝一杯你泡的茶。

【任务分析】

学习与茶相关的知识，结合个人情况，在日常生活中学会正确选茶和饮茶。

【相关知识】

茶发乎神农，闻于周公，兴于唐朝，胜在宋代，至今已成为世界三大饮料（茶、可可、咖啡）之首。

自汉代以来，很多历史古籍和古医书，都记载了不少关于茶叶的药用价值和饮茶健康的论述。如《本草拾遗》中关于茶叶药用价值的记载，"诸药为各病之药，茶为万病之药"。还有"清晨一杯茶，饿死卖药家"的谚语。这些茶的功效确实被现代的医学所证实，因为茶叶中含有很多有利人体健康的化学成分。

一、茶的成分及功效

据已有的研究资料表明，茶叶的化学成分有 500 种之多，其中有机化合物达 450 种以上。茶叶中的化学成分归纳起来可分为水分和干物质两大部分。鲜茶叶的含水量一般为 75%～78%。茶叶干物质主要成分及含量见图 3-4-1（成分的含量都是按干物质计算的）。

图 3-4-1　茶叶干物质主要成分及含量

1. 茶多酚

茶多酚是茶叶中多种酚类物质及其衍生物的总称，其中以 6 种儿茶素及其氧化产物最为重要。这些多酚类物质不仅是表现茶叶感官品质的主要成分，也是最主要的茶叶药效成分之一。

茶多酚的含量占干物质总量的 20%～35%。

茶多酚有强化血管、促进肠胃消化、降低血脂等作用。

基于上述种种生理活性，在临床上茶多酚已直接或辅助用于心脑血管疾病、肿瘤、糖尿病、脂肪肝、肾病综合征、龋齿等的预防和治疗。此外，茶多酚在食品、日化等领域也具有广阔的应用前景。

2. 蛋白质和氨基酸

蛋白质含量 $20\%\sim30\%$，氨基酸含量为 $1\%\sim4\%$。

茶叶中的蛋白质含量虽高，但绝大部分不溶于水，所以饮茶时并不能充分利用这些蛋白质。仅有 $1\%\sim2\%$ 的蛋白质能溶于水，主要为白蛋白，它对茶汤的滋味有积极作用。

茶叶中已发现有 26 种氨基酸，其中 6 种为非蛋白质组成的游离氨基酸。

茶氨酸是茶叶中含量最多的游离氨基酸，其含量占游离氨基酸总量的 50% 左右，是茶叶的特征性氨基酸。它具有促进大脑功能、防癌抗癌、降压安神、增强人体免疫机能、延缓衰老等功效。

3. 生物碱

茶叶中的生物碱包括咖啡碱、可可碱和茶碱，占总量的 $2\%\sim5\%$，其中以咖啡碱的含量最多。这 3 种生物碱都属于甲基嘌呤类化合物，是一类重要的生理活性物质。它们是茶叶的特征性化学物质之一，其药理作用相似。

目前的研究结果得出，咖啡碱具有抗癌效果。此外，茶叶中的咖啡碱还具有兴奋大脑中枢神经、强心、利尿等多种药理功效。

饮茶的许多功效，如消除疲劳、提高工作效率、抵抗酒精和尼古丁等毒害、减轻支气管和胆管痉挛、调节体温等，都与茶叶中的咖啡碱有关。

当然，咖啡碱也存在负面效应，主要表现在晚上饮茶可影响睡眠，对神经衰弱者及心动过速者等有不利影响。

4. 茶多糖

茶多糖是一种酸性糖蛋白，并结合有大量的矿物质元素，称为茶叶多糖复合物，简称为茶叶多糖或茶多糖。其中蛋白部分主要由约 20 种常见的氨基酸组成，糖的部分主要由阿拉伯糖、木糖、岩藻糖、葡萄糖、半乳糖等组成，矿物质元素主要由钙、镁、铁、锰等及少量的微量元素如稀土元素等组成。其含量占干物质总量的 $20\%\sim25\%$。

茶多糖的药理功能可以概括如下：降血糖、降血脂、防辐射、抗凝血及血栓、增强机体免疫功能、抗氧化、抗动脉粥样硬化、降血压和保护心血管等。

5. 有机酸

茶叶中有机酸含量为干物质总量的 3% 左右，种类较多，主要有苹果酸、柠檬酸、草酸、鸡纳酸和香豆酸等。有些有机酸是香气成分，如亚油酸；有的是香气良好的吸附剂，如棕榈酸。

6. 脂类

茶叶中的脂类物质包括脂肪、磷脂、糖酯和硫酯等，含量占干物质总量的 8% 左右，对形成茶叶香气有着积极作用。

7. 色素

茶叶中的色素包括脂溶性色素和水溶性色素两部分，含量仅占茶叶干物质总量的 1%

左右。脂溶性色素主要对茶叶干茶色泽及叶底色泽起作用，而水溶性色素主要对茶汤有影响。

茶色素是一个通俗的名称，其概念范畴并不明确。实际使用中一般是指叶绿素、β-胡萝卜素、茶黄素、茶红素等。已经证明茶色素中的许多成分对人体健康极为有利，是茶叶保健功能的主要功效成分之一。

（1）叶绿素

叶绿素是茶叶脂溶性色素的主要组成部分。

作为天然的生物资源，茶叶叶绿素是一种优异的食用色素，还具有抗菌、消炎、除臭等多方面保健功效。

（2）β-胡萝卜素

茶叶中β-胡萝卜素的含量也较丰富，它对茶叶保健功效也有一定贡献。β-胡萝卜素的生理功效主要表现在它具有维生素 A 的作用，还具有抗氧化作用，能清除体内的自由基、增强免疫力、提高人体抗病能力等。

（3）茶黄素

茶叶中的茶黄素（红茶中的软黄金）是由茶多酚及其衍生物氧化缩合而成的产物，它们是红茶的主要品质成分和显色成分，也是茶叶的主要生理活性物质之一。

茶黄素不仅是一种有效的自由基清除剂和抗氧化剂，而且具有抗癌、抗突变、抑菌抗病毒、改善和治疗心脑血管疾病及治疗糖尿病等多种生理功能。

8. 维生素

茶叶中含有的维生素含量占干物质总量的 $0.6\% \sim 1\%$，以维生素 C 和 B 族维生素的含量最高。

一般来说，绿茶的维生素含量显著高于红茶。

茶叶中的维生素 C 与茶多酚产生协同效应，提高两者的生理效应。在正常饮食情况下，每天饮高档绿茶 3～4 杯便可基本上满足人体对维生素 C 的需求。

茶叶中的 B 族维生素含量也很丰富，其中维生素 B_5 的含量又占 B 族维生素的一半。它们的药理功能主要表现在对癞皮病、消化系统疾病、眼病等的显著疗效。

茶叶中的脂溶性维生素，尽管含量也较高，但因茶叶饮用一般以水冲泡或水提取方法为主，而这些脂溶性维生素在水中溶解度很小，所以饮茶对它们的利用率并不高。

9. 芳香物质

茶叶中的芳香物质是茶叶中挥发性物质的总称。在茶叶化学成分的总含量中，芳香物质含量并不多，一般干叶中含 0.02%。

据分析，通常干茶叶含有的香气成分化合物达百余种，鲜叶中香气成分化合物为 50 种左右；绿茶香气成分化合物达 100 种以上；红茶香气成分化合物达 300 种之多。

10. 矿物质

茶叶中无机化合物占干物质总量的 $3.5\% \sim 7.0\%$，分为水溶性和水不溶性两部分。

茶叶中的无机矿物质元素约有 27 种，包括磷、钾、硫、镁、锰、氟、铝、钙、钠、铁、铜、锌、硒等多种，以磷与钾含量最高；就保健功效而言，氟和硒最为重要。

茶叶中氟的含量是所有植物体最高的。氟对预防龋齿和防治老年骨质疏松有明显效果，但大量饮用粗老茶有可能导致氟元素摄入过度，从而引起氟中毒症状，如氟斑牙、氟骨症等。这一问题主要发生在砖茶消费区。所以在合理利用茶叶中氟的保健功能的同时，也要预防氟摄入过量。

硒是人体谷胱甘肽氧化酶的必需组成元素，能刺激免疫蛋白及抗体的产生，增强人体抗病力；它能有效防治克山病，并对治疗冠心病、抑制癌细胞的发生和发展等有显著效果。

综上所述，可以看出，通过饮茶可以补充人体需要的多种维生素、蛋白质和氨基酸以及多种矿物质元素，所以从营养学的角度说饮茶有益健康。

二、茶的分类及其特点

按发酵度的不同，可将茶叶分为七类：绿茶、黄茶、白茶、青茶、红茶、黑茶、再加工茶，如图 3-4-2 所示。

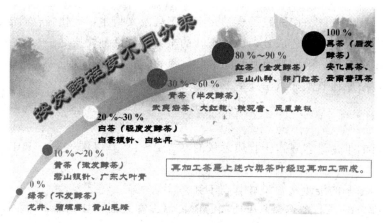

图 3-4-2　茶的分类

1. 绿茶

绿茶为不发酵茶，较多保留了鲜叶内的天然物质，维生素损失较少，尤其是维生素 C 含量高。绿茶具有绿汤、绿叶、滋味收敛性强的特点，对防衰老、防癌、杀菌、瘦身减脂、消炎等有特殊效果，对人体健康十分有益，如西湖龙井、碧螺春、黄山毛峰等名茶。

2. 红茶

世界上喝红茶的人最多。红茶是发酵度达 80%～90% 以上的全发酵茶，具有红汤红叶的特点。红茶性温，善温中祛寒，能起到化痰、消食、开胃的作用，对于那些脾胃虚弱的人来说，最适宜喝红茶。一般冬天喝暖胃，适合大多数人。

红茶的抗菌力强，用红茶漱口可预防蛀牙与食物中毒，降低血糖值与高血压。

祁门红茶是红茶中的极品，享有盛誉，是英国女王和王室的挚爱饮品，美称"群芳最""红茶皇后"。

3. 青茶

又名乌龙茶，发酵度为 30%～60%，加工工艺介于绿茶和红茶之间，兼有二者的优点。其特点是"绿叶底，红镶边"，有诱人的兰花香味，回味甘长，耐冲泡，是减肥健美的佳品，如武夷岩茶、大红袍、铁观音、冻顶乌龙等。

4. 黄茶

黄茶属于微发酵茶，发酵度为 10%～20%，制法比绿茶多了一道特殊的闷黄工序，茶汤纯黄透亮。黄茶具有助消化、除脂肪、防止食道癌、杀菌消炎的四大功效。

肾有问题的人不宜喝黄茶。

5. 白茶

白茶是我国茶类中的特殊珍品，发酵度为 20%～30%，主产地是福建福鼎、政和。加工的时候只将细嫩有绒毛的茶叶晒干或者烘干，使白色绒毛完整地保留下来。因白毫显露，故称白茶。名品有白毫银针、寿眉、白牡丹等。

白茶最主要的特点是毫毛银白，素有"绿妆素裹"之美称，滋味鲜醇可口，还能起药理作用，有"三年为药，七年为宝"之说。白茶的功效有防癌、抗癌、防暑、解毒、治牙痛，尤其是陈年的白毫银针可用作麻疹患儿的退烧药，其退烧效果比抗生素还好。

有肝病的人不宜喝白茶。

6. 黑茶

黑茶属于全发酵茶，发酵度为百分之百，属非酶性发酵茶。叶色油黑，汤色橙黄，香味醇厚。通常制成挤压茶，如饼茶、砖茶、沱茶。云南普洱、湖南黑茶、广西六堡茶、安化黑茶、四川西路边茶是黑茶中的名品。

7. 再加工茶

再加工茶是在六大基本茶类的基础上，采用一定的手段进行再加工而成的茶叶，如花茶、果味茶等。

三、茶叶的保健功能

饮茶有十大综合医疗保健功能。

1. 延缓衰老

2. 美容养颜

这两大功能主要归功于茶叶中的茶多酚。

根据衰老自由基学说，衰老是自由基产生和清除状态失去平衡的结果。过多的自由基是引起人体衰老、致病、致癌的重要因素之一。

茶多酚是一种抗氧化能力很强的天然氧化剂，消除自由基的能力大大超过了目前已知抗氧化剂维生素 C 和维生素 E。茶多酚可直接阻止紫外线对皮肤的损伤，有"紫外线过滤器"

之美称。茶多酚还能减少黑色素的形成，具有美白作用。茶多酚可直接清除自由基，防止雀斑的生成，延缓皮肤的老化。茶多酚能抑制正常角朊细胞的凋亡，对皮肤具有收敛和保湿作用。

3. 抗龋齿

龋齿是最常见的牙病，居于口腔病之首。饮茶可防龋齿，这早已被国内外研究所证实。美国、日本和我国早在 20 世纪 70 年代，就通过实验证明，儿童每天饮用一杯茶水可使龋齿率降低一半。

4. 调节血糖、血脂、血压

茶叶能降低血液中甘油三酯的含量，这也是饮茶能减肥的原因之一。

茶叶降血脂的物质基础主要是茶多酚、咖啡碱、茶多糖等。降血糖的物质基础是茶多糖、茶色素等。降血压的物质基础主要是茶多酚、茶多糖、茶氨酸、γ-氨基丁酸、茶叶皂苷等成分。

适量饮茶可预防或降低高血压。用高浓度儿茶素作为降压药在临床已经得到应用。

5. 预防心血管疾病

饮茶能降低人体血液中有害胆固醇含量，并增加有益胆固醇含量，同时还可以降低血液的黏度和抗血小板凝集。因此，饮茶具有预防心血管疾病的作用。例如在荷兰进行的流行病学调查结果显示，饮茶多的人群患冠心病的危险性可降低 45%。

6. 抑制有害微生物

饮茶对杀灭肠道病菌有持久的效果。在俄罗斯人们提倡腹泻病人饮浓茶汁进行治疗。日本和美国科学家证明茶叶中的表没食子儿茶素、没食子酸酯（简称 EGCG）对流感病毒有很强的抑制作用，能阻止病毒黏附在细胞上。2003 年"非典"流行期间，世界卫生组织和我国台湾省的专家就建议喝茶以阻止冠状病毒的入侵。此外，茶及其提取物对艾滋病病毒的抑制作用也有很多的报道。

7. 抗癌

茶多酚在茶叶的抗癌功能方面也发挥了重要作用，能抑制肿瘤细胞 DNA 的复制作用，对肿瘤细胞生长周期有一定影响，对肿瘤细胞增殖具有抑制作用。一项研究结果表明，每天饮用 10 杯绿茶的女性可使癌症延迟发生 7.3 年，男性延迟 3.2 年。美国已批准绿茶作为预防癌症的药物在美国使用。

8. 免疫功能

人体的免疫性反映了对疾病的抵抗力，可分为血液免疫和肠道免疫。

饮茶可以增加血液中白细胞和淋巴细胞的数量，从而提高血液免疫性。饮茶还可以增加肠道中的有益菌（如双歧杆菌）数量，减少有害菌的数量，从而提高肠道免疫功能。

茶多糖在提高机体免疫功能方面也发挥了重要作用。实验表明，茶多糖能够增强单核巨噬细胞吞噬功能，增强机体自我保护的能力。

9. 减缓香烟毒害

饮茶可中和烟毒，这是因为茶中含有的茶多酚、维生素 C 等清除了气相烟雾中的活泼自由基，从而保护了细胞膜。饮茶可补充吸烟造成体内抗氧化剂的损失，恢复吸烟破坏的体内氧化还原的平衡，避免疾病的发生。

10. 抗辐射

大量研究和实践证实，茶是一种能有效防治辐射损伤的天然饮料，被誉为"原子时代的保健饮料"。据对二战期间日本广岛原子弹受害者的调查，凡长期饮茶的人受辐射损伤的程度较轻，存活率也较高。

临床医学还发现，某些癌症患者因采用放射治疗而引起的轻度放射病症，如食欲不振、恶心、腹泻等，遵医嘱饮茶后，有 90% 的患者放射病症状明显减轻，白细胞数量停止下降甚至有所上升。

四、科学饮茶

茶有不同特性，人有不同状况，所以我们需要因人因时因地因茶而异，科学合理地饮茶。

1. 合理选茶

要合理选茶。绿茶，性凉，较为苦涩，适宜夏季饮用，对胃有一定刺激性。红茶，性热，适宜冬季喝且有暖胃的效果。黑茶，温润去油腻、减肥，建议食肉多的消费者多加饮用。花茶，可疏肝解郁、理气调经，女性可多饮。白茶，清凉，有降火去燥、治疗牙疼、治便秘之功效，切忌用凉开水浸泡而饮。乌龙茶降血脂、降胆固醇、防止血管硬化，还有神奇的减肥效果，一年四季、从早到晚都可以喝。

2. 不喝过度冲泡或存放过久的茶汤

一杯茶经 3 次冲泡后，约有 90% 的可溶性成分已被浸出，再冲泡，进一步浸出有效成分已十分有限，而对健康不利的物质会浸出较多。

茶叶泡好后存放太久，容易产生微生物污染；此外，茶叶中的茶多酚、芳香物质、维生素、蛋白质等物质会氧化变质或变性。

因此茶叶最好现泡现饮。

3. 不吃茶渣

不吃茶渣可避免摄入铅、镉等重金属；避免摄入水溶性较小的农药残留物；避免摄入过量氟（对于粗老茶）。

4. 适合的饮茶温度

一般情况下提倡热饮或温饮，避免烫饮和冷饮。

要避免烫饮，即不要在水温较高情况下边吹边饮。因为过高的水温不但烫伤口腔、咽喉及食道黏膜，长期的高温刺激还是口腔和食道肿瘤的一个诱因。

对于冷饮则要视具体情况而定。对老人及脾胃虚寒者，应当忌冷茶，因为茶叶本身性偏寒，加上冷饮其寒性得以加强，这对脾胃虚寒者会产生聚痰、伤脾胃等不良影响，对口腔、咽喉、肠等也会有副作用；对于阳气旺盛、脾胃强健的年轻人而言，在暑天以消暑降温为目的时，可以饮凉茶。

5.适合的饮茶时间

饭后不宜马上饮茶，一般可把饮茶时间安排在饭后1小时左右。

饭前半小时内也不要饮茶，以免茶叶中的酚类化合物等与食物营养成分发生不良反应。

临睡前不宜喝茶，以免茶叶中的咖啡碱使人兴奋，同时摄入过多水分引起夜间多尿，从而影响睡眠。

忌空腹饮茶。茶性入肺腑，会冷脾胃，等于"引狼入室"，我国自古有"不饮空心茶"之说。

6.适量饮茶

饮茶过度，特别是过量饮浓茶，对健康非常不利。因为茶中的生物碱将使中枢神经过于兴奋，心跳加快，增加心、肾负担，晚上还会影响睡眠；过高浓度的咖啡碱和多酚类等物质对肠胃产生强烈刺激，会抑制胃液分泌，影响消化功能。

根据人体对茶叶中药效成分和营养成分的合理需求来判断，并考虑到人体对水分的需求，成年人每天饮茶的量以每天泡饮干茶5～15g为宜。这些茶的用水总量可以控制在200～800mL。

这只是对普通人每天用茶总量的建议，具体还须考虑人的年龄、饮茶习惯、所处生活环境和本人健康状况等因素。

社会上流传着一首饮茶保健歌："烫茶伤人，姜茶治病，糖茶和胃；饭后茶消食，午茶长精神，晚茶致失眠；空腹茶令人心慌，隔夜茶伤人脾胃；过量茶使人消瘦，淡温茶清香怡人。"祝愿大家为了健康科学饮茶！

【知识点小结】

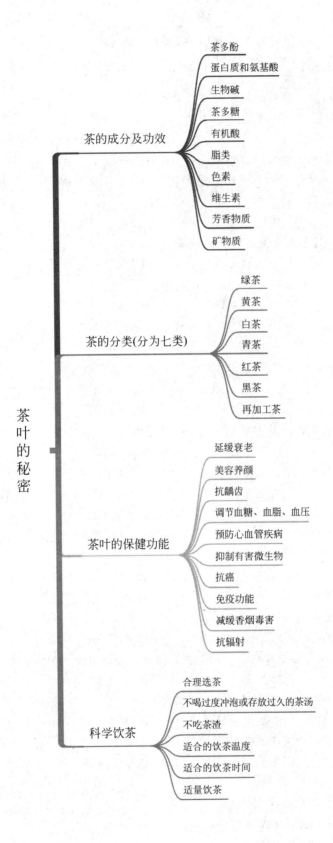

茶叶的秘密

茶的成分及功效
- 茶多酚
- 蛋白质和氨基酸
- 生物碱
- 茶多糖
- 有机酸
- 脂类
- 色素
- 维生素
- 芳香物质
- 矿物质

茶的分类(分为七类)
- 绿茶
- 黄茶
- 白茶
- 青茶
- 红茶
- 黑茶
- 再加工茶

茶叶的保健功能
- 延缓衰老
- 美容养颜
- 抗龋齿
- 调节血糖、血脂、血压
- 预防心血管疾病
- 抑制有害微生物
- 抗癌
- 免疫功能
- 减缓香烟毒害
- 抗辐射

科学饮茶
- 合理选茶
- 不喝过度冲泡或存放过久的茶汤
- 不吃茶渣
- 适合的饮茶温度
- 适合的饮茶时间
- 适量饮茶

自我评价

一、选择题（单选和多选）

1. 以下哪一项与阿司匹林的性质不符（　　）。
    A. 具有抗炎作用 　　　　　　　　　　 B. 有退热作用
    C. 易溶于水 　　　　　　　　　　 D. 水解后生成水杨酸和醋酸

2. 下面哪个不是青霉素结构改造的目的（　　）。
    A. 可口服的青霉素 　　 B. 无过敏的青霉素 　　 C. 广谱青霉素 　　 D. 耐酶青霉素

3. 过量服用维生素 D 会导致（　　）。
    A. 肾脏损害 　　　　 B. 高血压 　　　　 C. 肝脏损害 　　　　 D. 糖尿病

4. （多选）家庭小药箱需要准备的药品一般有（　　）。
    A. 感冒药 　　　　 B. 解热镇痛药 　　　　 C. 肠胃止痛药 　　　　 D. 外用消炎药

5. （多选）药物按照来源可分为（　　）。
    A. 天然药物 　　　　 B. 合成药物 　　　　 C. 植物药物 　　　　 D. 处方药物

6. 香烟燃烧产生的烟雾中含有（　　）多种化学物质，很多是有毒的。
    A. 500 　　　　 B. 1000 　　　　 C. 2000 　　　　 D. 4000

7. （多选）香烟中的有毒有害成分，具有多种生物学作用，包括（　　）。
    A. 刺激呼吸道产生炎症 　　　　　　 B. 对人体具有致癌作用
    C. 破坏红细胞 　　　　　　 D. 使人产生成瘾作用

8. 白酒中辛辣味主要来自酒液中的（　　）类物质，香气主要来自于（　　）类物质。
    A. 醚，酮 　　　　 B. 酚，醚 　　　　 C. 醛，酯 　　　　 D. 醇，酚

9. 茅台属于下列哪一香型（　　）。
    A. 浓香型 　　　　 B. 酱香型 　　　　 C. 兼香型 　　　　 D. 清香型

10. 单宁形成了葡萄酒里的（　　）味，它主要来源于葡萄的（　　）。
    A. 苦，籽 　　　　 B. 甜，果梗 　　　　 C. 涩，果皮 　　　　 D. 酸，果汁

11. （多选）饮用啤酒的不健康习惯有（　　）。
    A. 过量饮用 　　　　　　 B. 用啤酒送服药品
    C. 与海鲜同食 　　　　　　 D. 剧烈运动后立即饮用

12. （多选）葡萄酒具有以下保健作用（　　）。
    A. 防治心血管疾病 　　 B. 助消化作用 　　 C. 利尿作用 　　 D. 杀菌作用

13. 在以下几种茶叶中具有解脂肪、助消化之功效，被誉为减肥健美的饮料是（　　）。
    A. 绿茶 　　　　 B. 红茶 　　　　 C. 乌龙茶 　　　　 D. 白茶

14. （多选）茶叶成分中的茶多酚有（　　）等作用。
    A. 强化血管 　　　 B. 促进肠胃消化 　　　 C. 降低血脂、血压 　　　 D. 预防和治疗龋齿

15. （多选）以下选项中属于绿茶的有（　　）。
    A. 龙井 　　　　 B. 碧螺春 　　　　 C. 黄山毛峰 　　　　 D. 铁观音
    E. 普洱

16. （多选）科学饮茶包括（　　）。
    A. 科学合理地饮茶需要因人因时因地因茶而异

B. 不喝过度冲泡的茶

C. 可以吃茶渣

D. 一般情况下提倡热饮或温饮，避免烫饮和冷饮

17. （多选）过量饮浓茶，对健康非常不利，这是因为（　　）。

A. 茶中的生物碱将使中枢神经过于兴奋，心跳加快。

B. 增加心、肾负担。

C. 晚上还会影响睡眠。

D. 过高浓度的咖啡碱和多酚类等物质对肠胃产生强烈刺激，会抑制胃液分泌，影响消化功能。

二、判断对错

1. 药物是具有治愈、诊断、预防疾病，或调节人体功能、提高生活质量、保持身体健康的特殊化学品。

2. 药物的三个基本属性是安全性、有效性和稳定性。

3. 药物按照管理分类可分为处方药和非处方药。

4. 过量服用维生素 D 会导致肝脏损害。

5. 化学名描述药物的原子或分子结构，常用于一般药物。

6. 香烟是一种低毒的烟草制品。

7. 吸烟是单纯的个人行为，只要保证在无人的区域吸烟是允许的。

8. 偶尔吸烟不会成瘾，对身体无大碍。

9. 吸烟危害健康是不争的事实，拒绝香烟是明智的选择。

10. 红葡萄酒的颜色主要取决于葡萄的果肉。

11. 酒中除乙醇（食用酒精）外，还有一些有害物质，能使人双目失明的是甲醇。

12. 中度酒的酒度一般在 10 度与 20 度之间。

13. 啤酒的度数指的是酒精的含量。

14. 啤酒被联合国卫生组织批准为最健康、最卫生的食品。

15. 世界三大（软）饮料是指可乐、咖啡、茶。

16. 饮茶是老年人的专利或者老年人占多。

17. 花茶属于再加工类茶。

18. 茶叶中的三种生物碱分别是咖啡碱、可可碱、茶碱，其中以咖啡碱的含量最多。

19. 君山银针属白茶类名茶。

项目四

探索生活日用品中的化学奥秘

【项目说明】

　　洗涤用品、化妆品、文化用品、体育及娱乐用品是生活中必不可少的物质，这些物质使用不当对健康都有或多或少的影响。本项目将带领大家学习这些知识，以便正确选择和使用日用品。

任务一　探索洗涤用品的秘密

【任务介绍】

　　学习洗涤用品的相关知识，完成以下任务。

　　1.假设你正好缺洗衣液和餐具清洗剂，请去超市依据洗涤剂外包装上的说明并结合个人情况选择适合你的洗涤剂品种。

　　2.细心观察你周围亲友使用洗涤用品的情况，如有你觉得不当的地方，请用你所学知识说服他们正确购买或使用洗涤用品。

【任务分析】

　　学习洗涤用品的相关知识，结合个人情况，在日常生活中学会正确购买或使用洗涤用品。

【相关知识】

　　广义地讲，凡进入家庭日常生活和居住环境的化学品均可称为日用品，包括洗涤用品、化妆品、文化用品、体育及娱乐用品（如烟花、爆竹）等。

　　下面依次介绍洗涤用品、化妆品、文化用品和体育用品。

一、洗涤用品概述

　　洗涤用品是人类日常生活中不可或缺的用品之一。

1. 洗涤用品定义

洗涤用品是指以去污为目的而设计配方的制品，由活性组分和辅助组分构成。

2. 污垢的特点与去污

污垢具有如下特点，油质污垢、固体污垢及水溶性污垢往往不是单独存在的，而是相互结合成一体，随着时间的延长或受外界条件的影响，还会发生氧化分解，或受微生物的作用而腐败，从而形成更为复杂的混合物。

污垢粘附情况很复杂，洗涤过程就是要削弱和破坏污垢同固体表面的结合力，即采用机械力和化学力相结合的方法，使污垢从固体表面有效分离。去污的本质就是将衣物、食物原料、餐具等被洗涤物上的污垢洗涤干净。去污的化学力就是由洗涤用品产生的。

3. 洗涤用品的组成

洗涤用品主要由表面活性剂和洗涤助剂构成。

（1）表面活性剂

表面活性剂是一种在较低的浓度下即能显著降低溶液表面张力的物质，是洗涤用品的必要组分，以阴离子表面活性剂应用最多。表面活性剂由两种不同性质的基团（原子团）组成，如图 4-1-1 所示，一种是疏水的基团，也叫亲油性基团，俗称憎水尾；一种是亲水的极性基团，俗称亲水头。

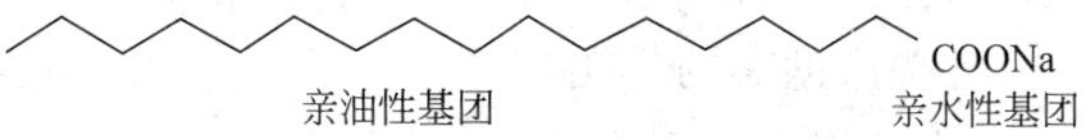

表面活性剂具有如下作用。

① 润湿渗透作用

表面活性剂分子在水的表面形成单分

亲油性基团　　　COONa 亲水性基团

图 4-1-1　肥皂中硬脂酸钠的分子结构

子层（图 4-1-2），使水的表面张力降低并容易吸附扩展到物体表面，并渗透到物体中，具有润湿渗透作用。

② 分散乳化作用

表面活性剂同时降低了水和固体微小粒子间的界面张力，并在周围形成一层亲水性的吸附膜，使固体粒子均匀地分散在水中，形成分散液，具有分散乳化作用。

③ 增溶作用

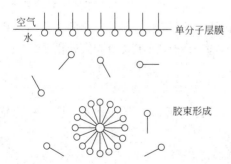

图 4-1-2　表面活性剂在水中的行为
火柴棍代表表面活性剂分子，球形头表示
极性亲水头，柱形棍表示非极性憎水尾

在水溶液中，表面活性剂分子聚集并规则地定向排列，形成胶束（图 4-1-2），把油溶解在疏水基内核中，增加了物质在水中的溶解度，具有增溶作用。

④ 起泡作用

表面活性剂可以降低水和空气的表面张力，空气分散在水中形成泡沫，能吸附已分散的污垢，并将其带到溶液的表面，具有起泡作用。

综上所述，表面活性剂具有润湿渗透、分散乳化、增溶和起泡作用。

（2）洗涤去污的基本原理

洗涤去污的基本原理见图 4-1-3。

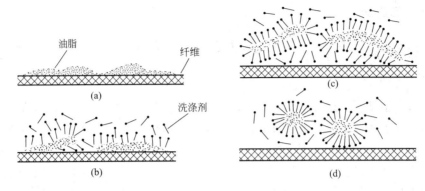

图 4-1-3　洗涤去垢作用原理

污垢一般由油脂和灰尘组成，不易被水润湿［图 4-1-3（a）］。通过表面活性剂的润湿作用，降低和削弱了污垢与织物之间的作用力［图 4-1-3（b）］。有机污垢被表面活性剂的分子包围，受表面活性剂的润湿渗透、分散乳化等作用，而被卷离悬浮于水中，最终达到洗涤的目的［图 4-1-3（c）（d）］。所以洗涤用品的去污作用是表面活性剂润湿渗透、分散乳化、增溶等作用的综合表现。

（3）洗涤助剂

助剂本身的去污能力很小，但是加入到洗涤剂中，可使洗涤效果得到明显的改善。助剂一般分为无机助剂和有机助剂两种。

1）洗涤助剂的作用

洗涤助剂有以下作用。

① 增强表面活性，促进污垢的分散、乳化、增溶，防止污垢再沉积。

② 软化硬水，防止表面活性剂水解，提高洗涤液的碱性，并有碱性缓冲作用。

③ 改善泡沫性能，增加物料溶解度，提高产品黏度。

④ 降低对皮肤的刺激性，对纺织品起柔软、抑菌、杀菌、抗静电、整饰等作用。

⑤ 改善产品外观，赋予产品美观的色彩和悠远的香气，提高商品的商业价值。

2）无机助剂

无机助剂有磷酸盐、硫酸钠、硅酸钠、漂白剂等。

传统的合成洗涤剂都含有三聚磷酸盐成分。"磷"是造成水体富营养化的罪魁祸首之一，可以造成水中的藻类增长，如近几年沿海地区浒苔的出现，即是水体富营养化的表现。含磷洗衣粉的污染问题已经引起了世界各国的普遍重视，很多国家提出了禁磷和限磷措施。

3）有机助剂

有机助剂主要有以下几种。

① 抗污垢再沉积剂。常用的如羧甲基纤维素钠，具有携污、增稠、分散、悬浮和稳定泡沫的作用。

② 泡沫稳定剂与泡沫调节剂。如月桂酸二乙醇酰胺等。

③ 酶制剂。一种生物制品，无毒并能完全生物降解。洗涤剂中的复合酶能将污垢中的脂肪、蛋白质、淀粉等较难去除的成分分解，提高了洗涤剂的洗涤效果。因此在洗涤剂中添加酶制剂可以降低表面活性剂和三聚磷酸钠的用量，使洗涤剂朝低磷或无磷的方向发展，减少对环境的污染。

④ 助溶剂。如甲苯磺酸钠等。

⑤ 抗静电剂和织物柔软剂。通常使用阳离子表面活性剂，如二甲基-二氢化牛酯基季铵盐。

⑥ 荧光增白剂。如二苯乙烯三嗪类化合物等。

⑦ 香精。如草香、花香等。

⑧ 溶剂。如松油、乙二醇等。

⑨ 抑菌剂。如薰衣草精油就有抑菌作用。

二、肥皂

肥皂是高级脂肪酸的碱性盐类的总称，由油脂（包括动物油脂和植物油脂）在碱性条件下水解制得。家庭常用的肥皂有洗衣皂、香皂、透明皂、药皂等。

肥皂历史悠久，主要采用天然油脂为原料，使用安全，毒性极低，罕见致敏，而且易降解，对环境污染小，所以倡导使用肥皂，尤其是内衣及婴幼儿用品，建议使用肥皂洗涤。肥皂除脂肪能力很强，过多使用肥皂会使皮肤干燥、变得粗糙，出现皲裂脱屑，肥皂的碱性会使皮炎、湿疹、瘙痒症加重，所以使用肥皂时建议戴手套。

肥皂的选用通常有几个误区。

1. 抗菌皂比普通皂洗手效果更好

抗菌素发挥作用需要一定的浓度，并且需要一定的时间，而抗菌皂配合清水使用时，抗菌素浓度难以保证，尤其是洗手只需三两分钟，更难达到抗菌效果。医学专家指出，日常生活中，手所能接触的病菌和传染性物质，使用普通肥皂并用清水冲洗就可以清除，不一定要用抗菌皂。

2. 洗手和护肤用同一种香皂

洗手可选用普通香皂，护肤要选中性香皂。沐浴时在清洁的基础上做好护肤，因此，挑选香皂时要避免选碱性产品，最好选中性或弱酸性产品，最好是含脂类、甘油成分的产品，在护肤的同时还能起到保湿作用，对皮肤比较好。

3. 手工香皂比非手工香皂好

手工香皂难达标准，可能破坏皮肤屏障。网上销售的自制手工皂由于无法得知其成分、毒性、含量是否达国家标准，安全难以保障，故要谨慎选用。

三、合成洗涤剂

合成洗涤剂是以合成表面活性剂为主要成分，添加其他助剂和辅助材料制成的洗涤用品。合成洗涤剂，按用途可以分为衣物用洗涤剂、餐具洗涤剂和住宅用洗涤剂。

与肥皂相比，合成洗涤剂有如下特点。

① 合成洗涤剂的使用不受水质的限制，而肥皂不适合在硬水中使用。

② 合成洗涤剂洗涤能力强，可用于机洗。

③ 合成洗涤剂的原料更便宜。

④ 合成洗涤剂的危害性高，在自然界中不易被分解，易造成水体污染，尤其是含磷洗

涤剂易造成水体富营养化。

1. 衣物用洗涤剂

常用的衣物用洗涤剂主要有合成洗衣粉和液体洗涤剂。

1）合成洗衣粉

洗衣粉也有多种类型，低泡型适合洗衣机用，高泡型适合手工洗涤，漂白型适用于白衣服，加酶型适用于洗涤汗渍、血污，增艳型可增白增艳，洗衣时要根据实际情况进行选择。

① 正确使用洗衣粉

使用前应看产品的包装，分清洗衣粉的类型，并根据包装袋上的说明正确使用。一般来说，应先用温水将洗衣粉溶解，然后将浸湿的衣物泡于其中，15～20min 之后再洗涤，效果最佳。

② 注意洗衣粉的毒害

合成洗衣粉中的阴离子型表面活性剂会破坏皮肤角质层，使皮肤粗糙，消弱保护能力。强力洗衣粉所含的碱性物质能破坏人体细胞膜，使组织蛋白变性。加香洗衣粉中的香精可能引起过敏。增白洗衣粉中的有机氯、荧光剂可能在人体内累积，损害健康。所以购买洗衣粉要尽量选择功能简单、添加成分少、气味淡的洗衣粉，够用即可，最好选择污染小的环保无磷洗衣粉。千万别用洗衣粉洗头发或使洗衣粉长期接触皮肤，手洗衣物时最好戴手套。

③ 消除洗衣粉的认识误区

误区一：洗衣粉泡沫越多越好。

正确解答：洗衣粉的浓度在 0.2％～0.5％时，水溶液的表面活性最高，洗涤去污能力最强。

误区二：天然皂粉＝洗衣粉。

正确解答：从功能上看，天然皂粉优于洗衣粉，不含磷酸盐，且具有天然特性，因此对皮肤刺激性小，安全。

误区三：洗衣粉可当作洗碗剂。

正确解答：洗衣粉的主要成分是烷基苯磺酸钠，具有中等毒性。如果它的微粒附着在餐具上通过胃肠道进入人体后，可影响胃肠消化功能，同时还会损害肝细胞，导致肝功能障碍等，所以千万不可用洗衣粉洗碗。

2）液体洗涤剂

液体洗涤剂在合成洗涤剂中是仅次于洗衣粉的第二大类洗涤剂，使用方便，溶解迅速，并符合节能时代的要求。常用的液体洗涤剂有洗衣液、衣领净、衣物柔顺剂、干洗剂等。

① 洗衣液

常见洗衣液有弱碱性洗衣液和中性洗衣液。

弱碱性洗衣液的 pH 为 9～10.5，除含有烷基苯磺酸钠等表面活性剂之外，还含有很多助剂，如人造沸石、螯合剂、增稠剂等，液体洗涤剂一般不透明，适用于洗涤棉、麻、合成纤维等衣物。

中性洗衣液，如商品丝毛净，由表面活性剂和增溶剂组成，不含助剂，可用于丝、毛衣物的洗涤。洗衣液的去污效果虽然不如洗衣粉，但不伤手，不伤衣，不受水质影响，没有残留，通常还有柔顺、除菌等功能。可以预见市场份额逐年上升的洗衣液将完全取代洗衣粉。

② 衣领净

衣领净含表面活性剂、助剂、酶助剂、荧光增白剂、抗再沉淀剂和香料等。主要优点是低温下溶解性好，易分散，属于重垢洗涤剂。

③ 衣物柔顺剂

衣物柔顺剂是一种电荷中和剂，活性物质是季铵盐类阳离子型表面活性剂，不仅可以消除静电，还可以使织物柔软而富有弹性。

④ 干洗剂

干洗剂是指以有机溶剂为主要成分的液体洗涤剂，由表面活性剂、漂白剂和有机溶剂组成，主要用于洗涤油性污垢，洗涤后衣服不变形、不缩水，适用于洗涤各种高级真丝、毛料、皮革等衣物。用作干洗剂的溶剂是石油产品中的卤代烃，最常用的是四氯乙烯。

2. 餐具洗涤剂

1）定义

餐具洗涤剂由多种表面活性剂原料复配而成，不但对餐具表面的油污有极强的去除力，而且可用于水果、蔬菜的清洗，起到杀菌、去除农药残留的作用，通常集洗涤、杀菌、消毒等功能于一体。

2）分类

通常分为手洗餐具清洁剂、机洗餐具清洁剂、炉灶用清洁剂。

3）用法

餐具洗涤剂通常配成 1％的水溶液使用，清洗水果蔬菜时，每 1L 水中加 5～6 滴洗涤剂。

4）消除餐具洗涤剂的认识误区

误区一：洗碗必用洗洁精

正确解答：洗碗刷锅无需都用洗涤剂。没有油的和有油的碗要分开放、分开洗，先刷没油的碗，后刷有油的碗。实在不好洗再用洗涤剂，洗后用水多冲几次。因为洗涤剂中很多化学成分接触过多会干扰人体正常代谢，使血液中钙离子浓度下降、血液酸化。

误区二：果蔬浸水就入口

正确解答：很多人洗水果，习惯用洗涤剂洗，然后用清水简单冲后就放嘴里了。长期吃下残留的洗涤剂，对肝脏有害。为避免残留洗涤剂进入体内最好用大量的水冲洗。

淘米水是清洗蔬果的好办法，能有效去除残留有机物，且对人体无害。

3. 住宅用洗涤剂

常用的住宅用洗涤剂有玻璃及其硬表面清洁剂、卫生瓷清洁剂、地板清洁剂、地毯清洁剂等。这类洗涤剂往往是碱性的，表面活性剂含量不高，不要求有泡沫，一般加入相当量的有机溶剂，用于溶解油脂。

住宅用洗涤剂中以厨厕洗涤剂的危险系数最高，尤其是市面上销售的强力化学清洁剂。商家往往强调这类洗涤剂能够迅速分解油污，去除油污，使得清洁容易、快速。但是其主要成分为强酸或强碱、表面活性剂和消毒剂等，容易引起眼睛、鼻子、上呼吸道的不适，或是灼伤、腐蚀皮肤。使用时要小心！

四、洗涤用品的选择和使用

洗涤用品对健康和生态都有影响，所以要正确选择和使用洗涤用品。

1. 合理选择洗涤用品

洗涤用品的选择要注意以下几点。
① 要针对不同用途选择合适的清洁用品。
② 要选择正规厂家的产品。
③ 家居应慎选清洁剂品牌，最好选用无磷、无苯、无荧光增白剂的清洁剂。
④ 洗涤纯棉衣物应选择弱碱性的合成洗涤剂或肥皂。因纯棉的主要成分是纤维素，在碱性条件下比较稳定，在酸性条件下易水解。
⑤ 洗涤毛料和丝绸的衣服最好使用中性的合成洗涤剂。因毛料和丝绸的主要成分是蛋白质，在酸性或碱性条件下都易水解。

2. 正确使用洗涤用品

使用洗涤用品要注意以下几点。
① 严格按照使用说明书的要求使用，以防事故的发生。
② 避免误食，减少与皮肤的直接接触，减少对呼吸道的刺激。
③ 用洗涤剂清洗餐具或衣物后，一定要用清水冲洗干净。
④ 存放或使用清洁剂应单独存放，单独使用，不可混用。
⑤ 有些清洁剂对人体健康和自然环境有潜在影响，应避免大量滥用。

【知识点小结】

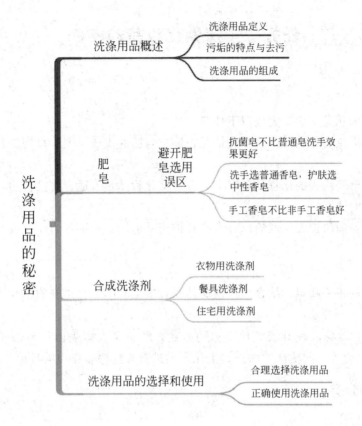

洗涤用品的秘密
- 洗涤用品概述
  - 洗涤用品定义
  - 污垢的特点与去污
  - 洗涤用品的组成
- 肥皂
  - 避开肥皂选用误区
    - 抗菌皂不比普通皂洗手效果更好
    - 洗手选普通香皂，护肤选中性香皂
    - 手工香皂不比非手工香皂好
- 合成洗涤剂
  - 衣物用洗涤剂
  - 餐具洗涤剂
  - 住宅用洗涤剂
- 洗涤用品的选择和使用
  - 合理选择洗涤用品
  - 正确使用洗涤用品

任务二　探索化妆品的秘密

【任务介绍】

学习化妆品的相关知识，完成以下任务。

1.利用本书提供的方法并结合个人情况，确定自己的皮肤类型，以便为选择和使用化妆品提供依据。

2.翻看自己已经购买的化妆品说明书，确定该化妆品是否适合自己使用，如有错买、误买，请下次购买时注意。

3.审视自己是如何护理头发的，有没有洗护用品选择、使用不当，有没有烫染过度，如有请改正。

【任务分析】

学习化妆品的相关知识，结合个人情况，在日常生活中学会正确购买和使用化妆品。

【相关知识】

化妆品是指以涂抹、喷洒或其他类似的方法，散布于人体表面任何部位，如皮肤、毛发、指/趾甲、唇齿等，起清洁、保护、美化、促进身心愉快等作用的日用化学品。

一、化妆品的分类

1.按使用目的分类

化妆品按使用目的分为清洁用化妆品、基础化妆品、美容化妆品、香用化妆品和护发美发用化妆品五大类。清洁用化妆品和基础化妆品通常统称为护肤化妆品。

清洁用化妆品，如香皂、香波、沐浴液、洗面奶、洁肤乳等。

基础化妆品，如各种膏、霜、蜜、脂、粉、露等。

美容化妆品，如腮红、唇膏、粉饼、眉笔等。

香用化妆品，如花露水、古龙水等。

护发美发用化妆品，如护发素、发油、发乳、润发剂、洗发剂、烫发剂、染发剂等。

2.按使用部位分类

化妆品按使用部位分为皮肤用化妆品、指甲用化妆品、口腔卫生用品和毛发用化妆品等。

二、化妆品的组成

化妆品的组成包括基质、乳化剂、色素、防腐剂和香料等。

1.基质

基质是组成化妆品的基本原料，主要是蜡类、粉状物、溶剂等。

（1）蜡类

蜡类是高级脂肪酸和高级脂肪醇构成的酯，在化妆品中起到稳定、调节黏稠度、减少油腻感等作用，主要有棕榈蜡、霍霍巴蜡、木蜡、羊毛脂等。

棕榈蜡主要用于唇膏、睫毛膏、脱毛膏等制品。

霍霍巴蜡广泛用于润肤膏、面霜、香波、头发调理剂、唇膏、指甲油、婴儿护肤品以及清洁剂等用品。

（2）粉状物

粉状物主要用作粉末状化妆品如爽身粉、香粉、粉饼、胭脂、眼影等的原料，其在化妆品中主要起到遮盖、滑爽、附着、吸收、延展作用，主要有无机粉末、有机粉末等。无机粉末有滑石粉、高岭土、膨润土、碳酸钙、碳酸镁、钛白粉、锌白粉等。有机粉末有硬脂酸锌、聚乙烯粉、纤维素微珠、聚苯乙烯粉等。

（3）溶剂

溶剂是液状、浆状、膏霜状化妆品配方中不可缺少的一类主要成分。在这些化妆品中，溶剂起到溶解作用，并使制品具有特定的剂型和性能。溶剂原料包括：水、醇类（乙醇、异丙醇、正丁醇）、酮类（丙酮、丁酮）、醚类、酯类、芳香族溶剂（甲苯、二甲苯）。水是化妆品中最常用的原料，化妆水中 $80\%\sim90\%$ 都是水，通常为经过处理的去离子水。水的作用：一是为皮肤（或毛发）补充水分、软化角质层；二是溶解、稀释其他原料。

2. 乳化剂

乳化剂，主要是表面活性剂、天然乳化剂等。

3. 色素

色素，如有机合成染料、无机颜料、天然色素等。

4. 防腐剂

防腐剂，如杀菌剂、抗氧化剂。

5. 香料

香料，有植物香料、动物香料、合成香料等。

三、护肤类化妆品

1. 皮肤的构造和类型

1）皮肤的结构与功能

护肤类化妆品的作用机制与皮肤的结构与功能有关。

皮肤是人体最大的器官，具有特殊的独立的功能，是人体内脏器官和组织的保护器官，也是对周围环境的感应器官。显微镜下观察皮肤由外及里分为表皮、真皮、皮下组织，见图 4-2-1。表皮由外到里又可分五层组织：角质层、透明层（只有手掌、足底等角质层厚的部位才有，图中未做标识）、颗粒层、棘层和基底层。

角质层含有角蛋白，能抵抗摩擦，防止体液外渗和化学物质内侵。角蛋白吸水能力较

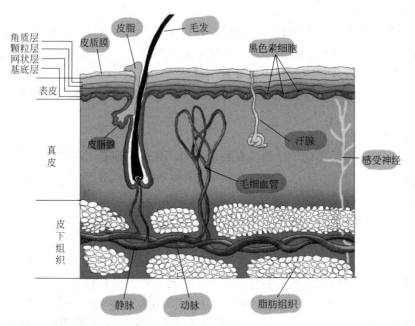

图 4-2-1　皮肤的结构

强，一般含水量不低于 10%，以维持皮肤柔韧，如低于 10%，皮肤干燥并出现鳞屑或皲裂。为控制角质层的湿度，使其不变干，需要使用护肤类化妆品。

皮脂膜和天然调湿因子是和化妆品有关的两个概念。

① 皮脂膜：皮肤分泌的汗液和皮脂混合，在皮肤表面形成乳状脂膜，这层膜称为皮脂膜。由于这层皮脂膜的存在，皮肤表面呈弱酸性，具有缓冲作用。研究表明，具弱酸性的化妆品对皮肤是合理的。

② 天然调湿因子：正常情况下，皮肤角质层中的水分之所以能够被保持，一方面是由于皮脂膜可防止水分过快蒸发；另一方面是由于角质层中存在天然调湿因子，使皮肤有从空气中吸收水分的能力。

2）皮肤的类型及特点

皮肤通常有以下几种类型。

① 中性皮肤：健康、组织紧密、平滑，不干也不油腻，触手柔嫩，富有弹性，厚薄适中，皮肤易随季节变化，天冷趋干，天热趋油。

② 干性皮肤：无弹性光泽。缺乏水和油，抚摸下手感粗糙，但毛孔幼细，经不起风吹日晒。

③ 油性皮肤：由于皮脂分泌旺盛，额头、鼻梁、下巴有油光，脸上显得油腻。皮肤毛孔粗大，触手粗糙，经常有黑头。

④ 混合性皮肤：面孔中部、额头、鼻头有油光，其余部分均为干性。

⑤ 敏感性皮肤：皮肤毛孔粗大，皮脂分泌量偏多。使用化妆品后常会引起皮肤过敏、红肿发痒，个别的反应剧烈发生刺痛。敏感性皮肤的人不宜过多使用化妆品，需要使用时最好使用不含药物的化妆品，使用时要注意清洁皮肤，尽量不要使用劣质的化妆品。

3）确定皮肤的类型

确定皮肤类型的简单方法：彻底卸妆 30 分钟后，将薄纸贴在前额、鼻、两颊和太阳穴上，2分钟后拿下。

① 纸上的脂肪痕迹很淡，则为中性皮肤。

② 纸上没有脂肪痕迹，则为干性皮肤。

③ 纸上的脂肪痕迹不均匀，在中部最明显，则为混合型皮肤。

④ 纸上的脂肪痕迹面大，特别明显，则为油性皮肤。

要根据自己的皮肤类型选择合适的化妆品。

2. 清洁类化妆品

通常的护肤流程是：卸妆、洁面、爽肤水、眼霜、面部精华、乳液/面霜、隔离/遮瑕。前两步是对皮肤的清洁，其余是护肤的步骤。遵循的原则是分子越小的越先用。

清洁类化妆品种类繁多，如香皂、洗面奶、清洁霜、洁肤水、卸妆油、磨砂膏等。

1）香皂

在很多人的眼里香皂只是清洁用品，可是从清洁分类的角度看，它是人们日常生活中必不可少的、最常使用的清洁类化妆品。香皂具有质地细腻、紧密、使用时泡沫丰富、去污能力强等众多优点，而且价格较为低廉，属于能够全身使用的方便洁肤品。

2）洗面奶

洗面奶通常分为含洗面皂成分的皂化配方洗面奶和以合成表面活性剂为主要成分的配方洗面奶。

皂化配方洗面奶中的洗面皂成分是脂肪酸与碱剂反应制造出来的。常用的脂肪酸有肉豆蔻酸、月桂酸、棕榈酸、硬脂酸，常用的碱剂有氢氧化钠、氢氧化钾和三乙醇胺。只要同时出现这两种物质，就是皂化配方，适合油性肤质的人冬天使用。

大多数洗面奶以合成表面活性剂为主要成分，除此以外，还含有保湿剂、活性添加剂、防腐剂、香精等成分。

表面活性剂的种类决定洗面奶的质量，常见的质量较好的表面活性剂有如下几种。

① 酰基磺酸钠：具有优良的洗净力，且对皮肤的刺激性低。此外，有极佳的亲肤性，洗时及洗后的触感都不错，皮肤不会过于干涩且有柔嫩的触感。建议油性肌肤或喜好把脸洗得很干爽的人使用。选用含这一成分的洗面奶长期使用对肌肤比较有保障。

② 磺基琥珀酸酯类：中度去脂力的表面活性剂，较少单独作为主要清洁成分。去脂力虽不强，具有极强的起泡力，经常与其他洗净成分搭配使用以调节泡沫。刺激很小、很温和，适用于敏感皮肤和干性皮肤。

③ 酰基肌氨酸钠：中度去脂力、低刺激性、起泡力佳、化学性质温和。较少单独作为清洁成分，通常搭配其他表面活性剂配方。除了去脂力稍弱之外，成分特色与酰基磺酸钠相似。

④ 烷基聚葡萄糖苷：此表面活性剂是以天然植物为原料制造得到的，对皮肤及环境没有任何的毒性或刺激性；清洁性适中，为新流行的低敏性清洁成分。

⑤ 两性表面活性剂：刺激性低，起泡力好，去脂力中等，所以较适宜用于干性或婴儿清洁制品配方。

⑥ 氨基酸系表面活性剂：氨基酸系表面活性剂是以天然成分为原料制成，成分本身可调为弱酸性，对皮肤刺激性很小，亲肤性又特别好，是目前高级洗面乳清洁成分的主流，价格也较为昂贵。长期使用也不会对皮肤有伤害。

3）清洁霜

清洁霜是以矿物油等为主要成分制造而成的清洁用品，有良好的洗净力，能够深层洁净毛孔和润泽肌肤，主要用于化妆后的皮肤和过多油脂皮肤的清洁。

4）洁肤水

洁肤水是含有酒精成分的化妆水，具有再次清洁、收缩毛孔、抑制油分的作用，可以帮助油腻的皮肤加速清除老化细胞，去角质成分能令老死细胞迅速脱落，使肌肤更加清爽。洁肤水不仅能够有效地清理皮肤表层，而且可以保持肌肤水油平衡，令肌肤不干燥，同时提升皮肤光亮度、光滑度和柔软度，使后续滋润品更好吸收。

洁肤水含有酒精，有一定的刺激性，涂抹时要避开眼睛周围的皮肤。

5）卸妆油

卸妆油是用于卸除面部浓妆和油彩妆的卸妆用品，是添加了乳化剂的油脂，卸妆油中的成分能轻易地与脸部的彩妆油污融合，然后在水乳化的情况下，用清水冲洗面部而将脸部油污统统去除。卸妆油对皮肤的刺激性也比较小，所以很受人们喜爱。

6）磨砂膏

磨砂膏含有非常细小且均匀的超微粒子，这些粒子细致圆润，能深入毛孔去除皮肤深层的污垢、油脂、细菌等，而且通过对皮肤的摩擦，还能够使老化的鳞状角质剥落。因此，合理使用磨砂膏能够去除死皮细胞，舒展细小皱纹，增进肌肤对营养物质的吸收，令肌肤回复细嫩、光泽和弹性。

3. 基础化妆品

常见的基础化妆品有化妆水、润肤霜、冷霜、雪花膏、营养蜜、防晒化妆品等。要想令皮肤光滑健美，基础化妆品的选择和使用非常关键。

1）化妆水

化妆水是爽肤水、柔肤水、收敛水等的统称，是一种透明液态的化妆品，涂抹在皮肤的表面，用来保湿、调理肌肤。

化妆水最主要的任务是让你的肌肤恢复天然酸碱值，好为下一个护肤步骤做好准备，在基础护肤中起承前启后的作用。

2）润肤霜

润肤霜有水分和油分两种配方：水分配方中含有非常多的细小油粒子，性质较清爽，对皮肤起到保湿作用；油分配方中的水分粒子含在油分中，使用之后能锁紧皮肤中的水分，令皮肤更加滋润。

日间一般使用清爽型水分配方；晚间由于不用化妆，通常使用油分配方。

3）冷霜

冷霜又叫香脂或护肤霜，将其涂敷在皮肤上，由于水分的蒸发导致肌肤有清凉的感觉。

冷霜多在秋冬季节使用，由于含有较多的油分，能在皮肤上形成不透气的薄膜，防止肌肤水分外溢，对皮肤有保护和滋润作用，并能较好地防止皮肤干燥和冻裂。

4）雪花膏

雪花膏是硬脂酸、甘油、水在乳化剂作用下形成的水包油型乳化体。

雪花膏是半固体膏状化妆品，白似雪花，涂在皮肤上遇热融化，像雪花一样地消失，故得名雪花膏。它能在皮肤上形成油型薄膜，防止皮肤干燥、皲裂，可以作为基料加入粉质、药物、营养物质等形成雪花膏的不同品种。

5）营养蜜

营养蜜又称润肤乳液，是一种呈黏稠状的液态护肤品，所含的油脂量较少，水分则非常高，如大宝 SOD 蜜。

营养蜜的渗透性非常强，很容易被皮肤吸收，并且有自然保湿和柔软功能。将其涂敷在皮肤上，能够深层滋养皮肤，延缓皮肤衰老，消除皮肤干痒症状，使皮肤更加柔滑、细嫩、清爽。

6）防晒化妆品

凡能遮挡、吸收、折射紫外线的化妆品均可称为防晒化妆品。它有非常稳定的黏稠性，涂抹均匀后不干裂，不变形，能有效阻挡紫外线对肌肤的伤害，强化肌肤的防御体系，预防肌肤干纹的产生。

4. 化妆品的选择和使用

要注意以下几点：

① 根据皮肤的类型和年龄选择护肤品；

② 不需要买最贵的，只需选择适合自己皮肤的配方，就能享受它们带给你的奇妙效果；

③ 对皮肤的保养只有持之以恒，才能保持皮肤的最佳状态；

④ 护肤类化妆品中的营养物质只是一种"浅层效应"，是一种附加效果，均衡饮食、合理营养、加强锻炼才是维持皮肤健康的根本要素。

5. 护肤品中的有效保健成分

护肤品中的有效保健成分主要有保湿、抗皱、增白、防晒等成分。

1）保湿成分

分为吸湿保湿（如甘油类）、水合保湿（如骨胶原、弹力素）、油脂保湿（如凡士林等）和修复保湿（如维生素 A）。

2）抗皱防衰有效成分

主要有珍珠类、人参类、雌激素、蜂乳类、维生素、花粉类、黄芪类、水解蛋白类、超氧化物歧化酶等功能性物质。

3）增白有效成分

主要有维生素 C、磷酸镁复合物、胎盘素、维生素糖苷、熊果素等。要想皮肤美白，需多摄入富含维生素 C 和维生素 E 的食物，绝对不可盲目使用含汞、对苯二酚等化学药剂的短期美容产品。

铅、汞能阻止黑色素形成。使用含有铅汞的化妆品，皮肤会立即变得白亮。但用一段时间后，皮肤会发生重金属中毒现象，自由基异常增生，细胞结构改变，皮肤存不住水，迅速变干变脆变薄。皮肤长期吸收汞会导致神经系统失调，视力减退，肾脏损坏，听力下降，铅汞甚至可由母体进入胚胎，影响胚胎发育。

美白淡斑药物常含有对苯二酚，使用过久或使用浓度过高，就会对皮肤造成刺激，导致皮肤出现过敏反应，甚至变红、变黑。祛斑成分能均匀地淡化黑色素，但对深层色斑无淡化效果。要想皮肤美白，首先是做好防晒，其次才是美白祛斑。

4）防晒成分

防晒护肤品分为物理性防晒和化学性防晒。物理性防晒的有效成分是紫外线屏蔽剂，例如二氧化钛和氧化锌的超微细粉末，利用高科技手段制成纳米颗粒，使其对紫外线具有散射作用。优点是安全，很少引起过敏反应。缺点是透明感差，制成的产品涂在皮肤上像蒙了一层白霜。化学性防晒的有效成分是紫外线吸收剂，如对氨基苯甲酸，优点是制成的产品透明感好，缺点是对皮肤有一定的刺激性，种类和添加量都受到国家卫生部的严格控制。

防晒指数也就是 SPF 值，是表征该防晒品能在多长时间内保护皮肤而不被紫外线晒伤的系数，SPF 值越高，防晒功能越强（表 4-2-1）。如 SPF 值为 4～8 时，属于中度防晒产品，提供中等防护作用，允许有些晒黑。当 SPF 值大于 20 时，该防晒制品能够提供最高的防晒作用，保证不晒黑。

表 4-2-1　防晒制品的类型和效果

防晒制品类型	SPF 值	防晒效果
轻微防晒产品	2～4	提供最低防护作用,但允许晒黑
中度防晒产品	4～8	提供中等防护作用,允许有些晒黑
高级防晒产品	8～12	提供高的防护作用,允许有限晒黑
特高级防晒产品	12～20	提供非常高的防护作用,很少晒黑
超高级防晒产品	20 以上	提供最高的防护作用,不晒黑

防晒霜的产品说明上除了注明 SPF 值外还标注有符号 PA，是防止皮肤被晒老化的值。防御效果分为三级，PA＋表示有效，PA＋＋表示相当有效，PA＋＋＋表示非常有效。

四、美容类化妆品

美容类化妆品具有遮盖、修饰、改善和美化人的肤色，调整面部轮廓和五官比例，使面部更加光滑、细腻的功效，属于人们经常使用的化妆品之一。美容类化妆品品种繁多，主要有香粉、胭脂、唇膏、指甲油、眼影等。

1. 香粉

香粉通常用于固定粉底，防止妆走形或脱落，使妆容更自然协调，还能遮盖面部瑕疵，对面部皮肤有较好的美容和保护作用。

香粉一般由滑石粉、高岭土、氧化锌、钛白粉、碳酸钙、碳酸镁、香料、色素和树脂粉末等原料构成，香粉饼、香粉蜜、香粉膏都是以香粉为基础制成的。

香粉类化妆品的质量要求是香味芬芳、无异味、无刺激性、粉质细腻、无粗粒、无硬块，涂于面部附着力强、覆盖面积大、色泽纯正，敷用后无不舒适的感觉。

2. 胭脂

胭脂擦在面颊上，能使面部红润美观。

将滑石粉、高岭土、氧化锌、硬脂酸锌、淀粉、色素、香粉等原料按一定比例混合、研磨、配色，加黏合剂经压制即可制成胭脂，常制成饼状、膏状和条状等。

好的胭脂色泽鲜明，质地细柔、滑爽，易于擦抹，不易碎裂，并有一定附着力和遮盖力。

3. 唇膏

唇膏既能美容，又能保护口唇不开裂，使口唇光润。唇膏的颜色有深红、紫红、鲜红、玫瑰红、橘红、白色等。

唇膏的主要原料是油脂、蜡类和色素。

唇膏质量要求：色泽均匀持久，涂用后不易脱落，软硬适度，常温下不变形、不发汗、不干裂；使用时滑爽而无黏滞感，对皮肤无刺激性，香味宜人。

4. 指甲油

指甲油的主要成分有成膜剂（乙酸纤维素、硝酸纤维素等）、树脂、增塑剂、溶剂、色素和抗沉淀剂等。

指甲油应易涂，快干，有适当的黏度，不易脱落，成膜均匀，色调一致，干燥后的薄膜无气孔，富有光泽；还应对指甲无害，易被除去剂除去。

指甲油的许多成分为易燃品，使用和保管时严禁接触火源。

5. 眼影

眼影是一种眼部化妆品，少量擦在上下眼皮处，能造成阴影，赋予立体感，突出眼部的美。

常见的眼影膏主要含有白油、凡士林、卡那巴蜡、无机颜料、二氧化钛等。有蓝、绿、褐、灰等色，可制成流体、膏体或块状。

五、香水类化妆品

香水类化妆品有香水、古龙水和花露水，如图 4-2-2 所示。

香水　　　　古龙水　　　龙涎香　　　花露水

图 4-2-2　香水类化妆品

1. 香水

香水的主要作用是散发出浓郁持久芬芳的香气。香精含量一般为 $15\%\sim25\%$，是香水类化妆品中香精含量最高的，使用的乙醇浓度为 $90\%\sim95\%$。

香水类化妆品的香型多为复合型，并随不同国家或地区而异。

2. 古龙水

古龙水，又称为科隆水，是意大利人在德国的科隆市研制成功的。古龙水香味清淡，适合于喷洒，含有龙涎香，香精含量为 $3\%\sim8\%$，香精中含有柠檬油、薰衣草油、橙花油等精油，精油含量 $2\%\sim3\%$。

龙涎香其实是抹香鲸的分泌物，由于它未能消化的鱿鱼、章鱼的喙骨，会在肠道内与分泌物结成固体后再吐出。刚吐出的龙涎香黑而软，气味难闻，不过经阳光、空气和海水长年洗涤后会变硬、褪色并散发香气。龙涎香比水轻，相对密度约为 0.7～0.9，熔点 60℃，燃烧时香气四溢，酷似麝香但更幽雅，熏过之物保有持久芬芳，可用于制造香水。

3. 花露水

花露水具有杀菌、止痒、消肿和驱蚊的作用，由 3% 左右的香精与 75%～85% 的乙醇配制而成。

蚊子叮咬的同时将一种叫蚁酸（甲酸）的化合物注入人的肌肉，引起皮肤和肌肉局部发炎，给人带来痒、痛等不舒服的感觉。蚁酸是一种具有刺激性气味的无色液体，有很强的腐蚀性。花露水中的橙花油含有邻氨基苯甲酸甲酯，可以与蚁酸作用，生成没有毒性的氨基化合物。引起瘙痒的蚁酸被中和掉了，所以花露水可以起到止痒的作用。反应式见图 4-2-3。

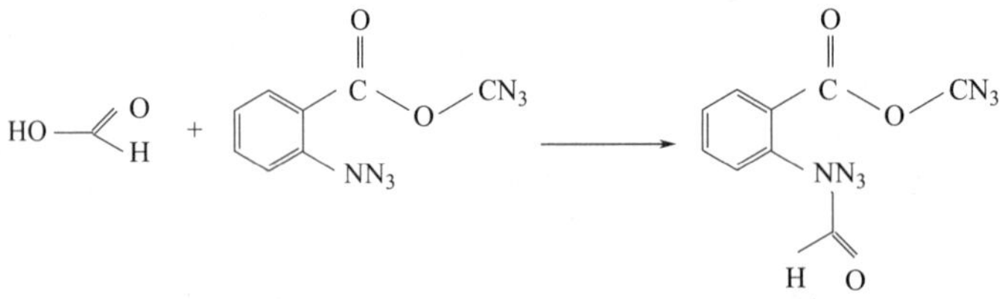

图 4-2-3　蚁酸与邻氨基苯甲酸甲酯的反应

花露水中含有大量乙醇，可使细菌的蛋白质凝固，从而具有杀菌作用。有的花露水中含有樟脑油成分。樟脑油对局部皮肤有刺激作用，靠增强局部血液循环改善营养状态，帮助病变部位自然痊愈。

人与动物汗液的挥发物最能吸引蚊子。汗液中能吸引蚊子的挥发物主要是乳酸、丙酮和二甲基二硫醚。添加在花露水中的驱蚊胺（DEET，结构见图 4-2-4）在皮肤表面形成了气状屏障，这个屏障干扰了蚊虫的化学感应器对人体表面挥发物的感应，使它感受不到人的存在，具有驱蚊的效果。

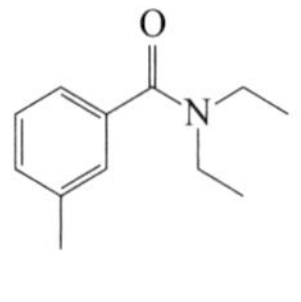

图 4-2-4　驱蚊胺的结构式

六、护发化妆品

毛发是皮肤的附属器官，除兼有皮肤的排泄、防护、吸收功能外，还有指示作用，具有广谱性、累积性和稳定性。保持头发清洁、改善头发营养，对促进体表新陈代谢、保护头部健康有重要作用。

护发化妆品，常用的有洗发香波、护发素、发油、发胶、发蜡、护发乳、染发剂、烫发剂等。

1. 洗发香波

洗发用的洗涤剂俗称香波，也称为洗发液、洗发精等。

洗发香波的主要成分有洗涤剂、稳泡剂、增稠剂、澄清剂、赋脂剂、螯合剂、防腐剂及抗氧剂、珠光剂、香精和色素。

洗发时需注意以下几点。

① 洗发不易过勤，根据自己的情况，大概一周洗 2～3 次即可。

② 洗护分开效果更好。

③ 使用偏酸性洗发水。

④ 尽量少吃或不吃刺激性食物，避免油炸食物和甜食，避免过多的酸性食物，多吃碱性和富含维生素 B_2、维生素 B_6 的有利于美发的食物，如牛奶、蔬菜、水果、海藻等。桑葚和黑芝麻也是美发食品。

2. 护发素

护发素多属于水包油型乳化体，是一种轻油性护发用品，可避免头发枯燥和断裂，使洗后的头发柔软、保持自然光泽。

护发素主要由阳离子型表面活性剂、油性物质和水组成。考虑到护发素的多效性，加入水解蛋白、维生素 E、霍霍巴油、杏仁油及其他中草药、动植物提取物等，制出具有多种功效的护发素。

使用护发素要注意以下几点。

① 头发较为干枯时可适量增加护发素的用量。

② 非常细软的发质，一般头皮都容易出油，可以少用护发素。

③ 护发素中的多种化学物质可渗入头皮，进而会伤害大脑，只要用在发梢上即可，不要碰到头皮或者尽量清洗干净。

3. 染发剂

染发剂具有改变头发颜色的作用。染发剂分为无机染发剂、化学染发剂和有机染发剂三类。

1）无机染发剂

无机染发剂即金属盐型染发剂，主要成分是含有铅、铁、铜等金属的化合物染料。无机染发剂的作用机理主要是染发剂中的金属离子渗透到头发中，与头发蛋白作用，使头发呈现不同的颜色。

无机染发剂中含有的铅易引起慢性中毒。慢性中毒初期患者会感到疲倦、食欲不振、体重减轻等，当发展严重时就可能导致视力障碍、再生障碍性贫血、高血压和神经系统等疾病，对儿童尤其有害，铅会阻碍脑细胞的发育。

2）化学染发剂

化学染发剂即合成氧化性染料，大多为染料（如对苯二胺等）、双氧水（氧化剂）和有关化合物混合而成。不同配比的对苯二胺等还原剂与氧化剂发生反应，得到的产物渗入头发内部，热风或热蒸汽会加速反应和渗透，与头发作用使其变成不同颜色。

化学染发剂普遍含有对苯二胺，对苯二胺是国际公认的致癌苯类物质。染发剂接触皮肤，而且在染发的过程中还要加热，使苯类有机物质通过头皮进入毛细血管，然后随血液循环到达骨髓，长期反复作用于造血干细胞，导致干细胞的恶变，引起白血病的发生。同时，对苯二胺还会导致皮肤过敏等。

3）有机染发剂

有机染发剂即天然、植物型染料，主要有海娜花和五倍子染发剂。植物染发剂的主要成分为多酚类植物性染发活性成分，比较安全，但是颜色选择少。

染发应注意的问题如下所述。

① 尽量少染发，当头皮有伤口时不要染发。

② 染发时应严格遵守染发剂使用说明，不要混合使用不同的染发剂。

③ 有疥疮、皮肤溃疡和对染发过敏的人，不宜染发。

④ 选择毒性、刺激性较小的染发剂，如植物型染发剂。

⑤ 染发后，要多清洗几次，不要让染发剂残留在头发上。

4. 烫发剂

最常使用的烫发剂有两种组分：还原剂和氧化剂。

头发的主要成分是角质蛋白，此物质中的胱氨酸含量非常高，而胱氨酸分子中又含有二硫键，当二硫键遇到还原剂时，会断开而形成半胱氨酸，从而使头发变得柔软滑爽，便于弯曲。但是单纯使用还原剂而盘卷的头发不易稳定。因此，头发卷曲之后还要使用氧化剂，使已经被还原的半胱氨酸重新成为胱氨酸分子，这样就能使发型保持得较为长久。

现在常用的巯基乙酸类烫发剂不但有刺激性、过敏性，而且可能破坏造血系统，严重的还会诱发膀胱癌、乳腺癌、淋巴癌、白血病等疾病。烫发不但会使发丝链键受到破坏，头发也容易变得干燥、分叉、没有光泽。因此烫发时需注意以下几点。

① 烫发前应清洗头发，最好选择能洗去矿物质沉淀的洗发水，用软化水漂洗头发，烫发后发色比较均匀，保持时间更长。

② 热烫对油性发质适合，烫后可起到收敛和减少油脂的作用。干性发质用冷烫简单易行。

③ 烫发不宜过度，否则会导致烫后头发过度卷曲，难以梳理，有粗糙感，质地暗淡无光泽。

④ 烫发不宜过频。热烫过频会使头发失去油脂和水分，显得格外干燥而无光泽，毛发易焦化脱落，还会使头皮上层细胞坏死，头屑增多。冷烫剂碱性较强，过多使用会使头发角质蛋白变性，抗拉能力降低，头发枯黄。所以无论热烫还是冷烫都不易过频，以半年一次为好。

⑤ 烫发后应选择滋润性护发素，以避免头发脆弱、断裂。

【知识点小结】

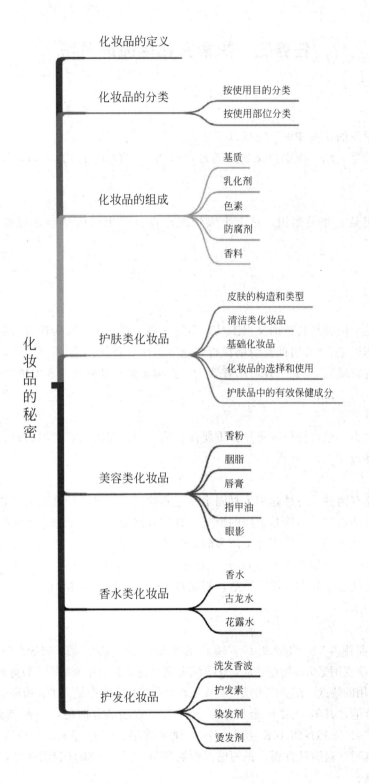

化妆品的定义

化妆品的分类
　　按使用目的分类
　　按使用部位分类

化妆品的组成
　　基质
　　乳化剂
　　色素
　　防腐剂
　　香料

护肤类化妆品
　　皮肤的构造和类型
　　清洁类化妆品
　　基础化妆品
　　化妆品的选择和使用
　　护肤品中的有效保健成分

美容类化妆品
　　香粉
　　胭脂
　　唇膏
　　指甲油
　　眼影

香水类化妆品
　　香水
　　古龙水
　　花露水

护发化妆品
　　洗发香波
　　护发素
　　染发剂
　　烫发剂

化妆品的秘密

任务三 探索文化用品的奥秘

【任务介绍】

学习文化用品的相关知识，完成以下任务。

审视自己的笔、纸、橡皮等文具是否选择得当，是否使用得当，如购买不当或使用不当，请改正。

【任务分析】

学习文化用品的相关知识，结合个人情况，在日常生活中学会正确购买和使用文化用品。

【相关知识】

一、文房四宝

文房四宝是中国独具特色的文书工具，即笔、墨、纸、砚。文房四宝之名，起源于南北朝时期。自宋朝以来，"文房四宝"则特指湖笔（浙江省湖州）、徽墨（徽州，现安徽歙县）、宣纸（现安徽省宣城）、端砚（现广东省肇庆，古称端州）和歙砚（现安徽歙县）。

1. 笔

在文房四宝中，笔居首位，可见其重要性，笔不断地帮助人们学习知识、表达思想、促进交流、美化环境。

（1）铅笔

常见的铅笔有两种，一种是用木材固定铅笔芯的铅笔；另一种是把铅笔芯装入细长塑料管并可移动的活动铅笔。不管是怎样的铅笔，其核心部分就是铅笔芯。铅笔芯是由石墨掺和一定比例的黏土制成的，当掺入黏土较多时，铅笔芯硬度较大，笔上标有 Hard 的首写字母 H。反之则石墨的比例增大，硬度减小，黑色增强，笔上标有 Black 首写字母 B。儿童学习、写字适用软硬适中的 HB 标号铅笔，制图常用 2H、H、HB 铅笔，而 2B、6B 铅笔常用于画画、涂答题卡。

（2）钢笔

钢笔的笔头是用含 5％～10％的 Cr、Ni 合金组成的特种钢制成的，铬镍合金钢抗腐蚀性强，不易氧化，为了改变钢笔头的耐磨性能，在笔尖上镶有铱金粒。铱金笔既有较好的耐腐蚀性和弹性，还有经济耐用的特点，深受广大消费者欢迎，是我国钢笔中产量最多、销售最广的笔。

钢笔中的金笔，其笔尖用 K 金制成。我国生产的金笔有两种，一种是含 Au58.33％、Ag20.835％、Cu20.835％的 14K 金笔；另一种是含 Au50％、Ag25％、Cu25％的 12K 金笔。金笔书写流利、耐腐蚀性强、书写时弹性特别好，是一种很理想的硬笔，但价格较高。

（3）圆珠笔

圆珠笔是用油墨配不同的颜料书写的一种笔。笔尖是个小钢珠，把小钢珠嵌入一个小圆柱体型铜制的碗内，后连接装有油墨的塑料管，油墨随钢珠转动由四周流下。圆珠笔使用方便，但如果使用、保管不当，往往写不出字来，这主要是因为干枯的油墨黏结在钢珠周围阻碍油墨流出。圆珠笔有一个很大的缺点：它写出来的字迹起初很清晰，可是经不起时间的考验，时间一久，字迹就会慢慢地模糊起来。这是因为圆珠笔的油墨是用染料和蓖麻油制成的。油与水不一样，它很不容易干，日子久了，油就会慢慢地在纸上浸开去，字迹就会变得模糊。如果想要把字迹长久保存起来，就需要用钢笔。

（4）中性笔

中性笔是目前世界上流行的一种书写工具，最早起源于日本。我国在 20 世纪 90 年代中期通过引进国外墨水，开始生产中性笔。由于中性笔兼有钢笔和圆珠笔的共同优点，书写手感舒适，深受人们的喜爱。

中性笔油墨黏度较低，并增加容易润滑的物质，因而比普通油性圆珠笔更加顺滑，是油性圆珠笔的升级换代产品。中性笔内的液体既不同于钢笔墨水的水性，又不同于圆珠笔芯内的油性液体，而是一种有机颜料与尾端锂基酯混合的液体，所以被称为中性笔。中性笔内装的有机溶剂，其黏稠度比油性笔墨低、比水性笔墨稠，当书写时，墨水经过笔尖，便会由半固态转成液态墨水。中性笔墨水最大的优点是每一滴墨水均使用在笔尖上，不会挥发、漏水，因而可提供如丝一般的滑顺书写感，墨水流动顺畅稳定。

（5）毛笔

毛笔是指以兽毛制成的笔，是中国的传统书写和绘画工具。毛笔由笔头、笔斗、笔杆、笔挂和笔绳组成，结构如图 4-3-1 所示。毛笔的笔头通常圆而尖，最初用兔毛制作，后亦用羊、鼬、狼、鸡、鼠等动物毛；笔杆以竹或其他质料制成。毛笔通常按笔毛的弹性强弱分为硬毫、兼毫、软毫；按制作派系分为宣笔、川笔、湖笔等。宣笔产于安徽宣城泾县，因当地的"宣纸"有名而被叫做宣笔，是中国毛笔之祖。川笔是四川境内所产毛笔的统称。湖笔的产地在浙江省湖州市南浔区善琏镇。

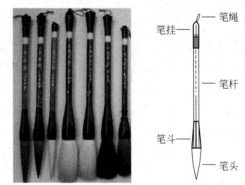

图 4-3-1　毛笔及其结构

以前的毛笔需沾墨汁进行书写，很不方便，随着时代的进步，出现了储水式新型毛笔。其原理是把墨汁储存在笔杆之中，并增加了按钮装置，不按动按钮墨汁是下不来的（利用的是水的表面张力），也就是说按动按钮的过程就是给毛笔添墨的过程，这样即实现了：① 增加了毛笔的实用功能、便于携带；② 墨汁从笔头的上部流下来，增加了每次蘸墨的总量，增加了书写的连贯性；③ 不按动按钮墨汁下不来，实现了枯润、浓淡的节奏变化。

（6）粉笔

粉笔一般用于书写在黑板上。古代的粉笔通常用天然的白垩制成，但现今多用其他的物质取代。现在，国内使用的粉笔主要有普通粉笔和无尘粉笔两种，其主要成分均为碳酸钙（石灰石）和硫酸钙（石膏），或含少量的氧化钙。也可加入各种颜料做成彩色粉笔。在制作过程中把生石膏加热到一定温度，使其部分脱水变成熟石膏，然后将熟石膏加水搅拌成糊状，灌入模型凝固而成粉笔。生石膏变成熟石膏的反应为（需要加热）：

$$2CaSO_4 \cdot 2H_2O \mathop{=\!=\!=} 2CaSO_4 \cdot \frac{1}{2}H_2O + 3H_2O$$

2. 墨

墨水和墨汁一样，含有化学性质极不活泼的碳，所以用碳素墨水和墨汁写的字、画的画，保存时间较长。

此外，不同牌号的墨水，因为往往带有不同的电荷，混用会产生沉淀，影响书写质量。利用化学反应的颜色变化我们还能设计出多种密写药水，如 NaOH＋酚酞，I_2＋淀粉溶液等。

3. 纸

造纸术是我国四大发明之一。纸是传播文化、记载历史的重要工具，是经济建设各部门的重要材料。纸是由纸用纤维（植物纤维、合成纤维、矿物纤维、玻璃纤维等）和辅助材料（胶料、填料、化学助剂、染料、明矾等）加工而成的。按原料不同，一般可将纸分为木浆纸、棉浆纸、竹浆纸、草浆纸和混配浆纸；按色泽可分为本色纸、白色纸和彩色纸；按包装可分为平板纸和卷筒纸；按用途可分为印刷用纸、书写用纸、绘图绘画用纸、宣传用纸、生活用纸和包装用纸等。

4. 砚

砚是磨墨的工具，从问世至今已有四五千年的历史。砚石可分为端州砚、歙州砚等，其中端砚、歙砚、洮河砚、澄泥砚被称为中国的"四大名砚"。随着社会的进步，科学技术的发展，墨汁的出现，逐渐代替了人们的研墨之劳，砚的实用性正在逐渐弱化，人们越来越注重砚的观赏性，砚已成为集实用、观赏、收藏于一体的高档工艺品。世界上最贵的砚台是 2009 年成都"非遗节"上展出的苴却砚（图 4-3-2），名叫"九龙至尊"，标价高达 13.9 亿元。

图 4-3-2　苴却砚

二、其他

1. 橡皮

橡皮是用橡胶制成的文具，能擦掉石墨或墨水的痕迹。橡皮的种类繁多，形状和色彩各异，有普通的香橡皮，也有绘画用 2B、4B、6B 等型号的美术专用橡皮，以及可塑橡皮等。

橡皮的原料是橡胶或塑胶。橡胶的分子链可以交联，交联后的橡胶受外力作用发生变形时有迅速复原的能力，并具有良好的物理力学性能和化学稳定性。塑胶是以高分子合成树脂为主要成分掺入各种辅助料或添加剂而制成的，在特定温度、压力下具有可塑性和流动性，可被模塑成一定形状，且在一定条件下保持形状不变。

一些样式时尚的橡皮往往散发着刺鼻的香味，但深受小学生的喜欢。这种香味常常是因为添加了各种各样的合成香精和有机溶剂，主要含有苯、甲醛、苯酚等有害化学物质。这些有机溶剂通过挥发进入人体，刺激呼吸道黏膜，严重时会对儿童的神经系统和血液系统造成伤害，会出现头晕、恶心、失眠等不适症状。

2. 涂改液（修正液、修正带）

为消除书写错误，在学生中流行使用一类"涂改液"。它是一种白色不透明颜料，涂在纸上以遮盖错字，干涸后可于其上重新书写，主要成分是钛白粉、三氯乙烷、甲基环己烷、环己烷等。涂改液使用方便，而且覆盖力很强，挥发性也比较快，很受学生的青睐。但涂改液涂改了字迹，却留下了有毒物质，对人体的伤害很大，因为涂改液中含有铅、苯、钡等对人体有害的化学物质。涂改液挥发性强，如被吸入人体或黏在皮肤上，将引起慢性中毒，从而危害人体健康，如长期过量使用将破坏人体的免疫功能，可能会导致白血病等并发症。

修正带类似于修正液，只不过是固体粉带，无需等其干涸就可重新书写，其主要成分为钛白粉、树脂、聚苯乙烯、自粘胶、剥离纸、苯乙烯-丙烯腈共聚物。除了快且干净外，还有相对环保、轻巧便于携带、修改痕迹不会在复印件或传真里显示出来等特点。

3. 胶水

胶水就是能够粘接两个物体的物质，可分为液体胶和固体胶两类。

物体的粘接通常是靠胶水中的高分子体间的拉力来实现的。在胶水中，水（或其他溶剂）就是高分子体的载体，水载着高分子体慢慢地浸入到物体的组织内。当胶水中的水分消失后，胶水中的高分子体就依靠相互间的拉力，将两个物体紧紧地结合在一起。

在胶水的使用中，涂胶量过多，胶水中的高分子体拥挤，形成不了相互间最强的吸引力，同时，高分子体间的水分也不容易挥发掉。这就是在粘接过程中"胶膜越厚，胶水粘接力就越差"的原因。涂胶量过多，胶水起到的是"填充作用"而不是粘接作用。

4. 颜料

颜料就是能使物体染上颜色的物质。

颜料有无机的和有机的区别。无机颜料一般是矿物性物质，人类很早就知道使用无机颜料，利用有色的土和矿石，在岩壁上作画和涂抹身体。有机颜料一般取自植物和海洋动物，如茜蓝、藤黄和古罗马从贝类中提炼的紫色。

从应用的角度，颜料可分为水彩颜料、油画颜料和国画颜料等几种。

水彩颜料泛指用水进行调和的颜料。制造水彩颜料需要有各种着色剂、填充剂、胶固剂、润湿剂、防腐剂等。着色剂：使用球磨机磨研成的极细的颜料粉；填充剂：主要是各种白色颜料或小麦淀粉等；胶固剂：糊精、树胶等；润湿剂：冰糖、甘油等；防腐剂：苯酚或福尔马林。水彩颜料如果用于人体彩绘，容易造成毛孔堵塞、皮肤干燥粗糙、过敏等；此外，颜料中所含的铅、汞等重金属也会对人体造成伤害。

油画颜料是一种油画专用绘画颜料，由颜料粉加油和胶搅拌研磨而成。它的特性是能染给别的材料或附着于某种材料上而形成一定的颜料层，这种颜料层具有一定可塑性，它能根据工具的运用而形成画家所想达到的各种形痕和纹理。油画颜料的各种色相是根据色粉的色相而决定的，油可以起到使色粉的色相稍偏深及饱和一些的作用。

国画颜料也叫中国画颜料，是用来画国画的专用颜料。传统的中国画颜料一般分成矿物颜料与植物颜料两大类，从使用历史上讲，先有矿物颜料，后有植物颜料。远古时的岩画上留下的鲜艳色泽，据化验后发现是用了矿物颜料（如朱砂）。矿物颜料的显著特点是不易褪色、色彩鲜艳。看过张大千晚年泼彩画的大多有此印象，大面积的石青、石绿、朱砂能让人精神为之一振。植物颜料主要是从树木花卉中提炼出来的。

【知识点小结】

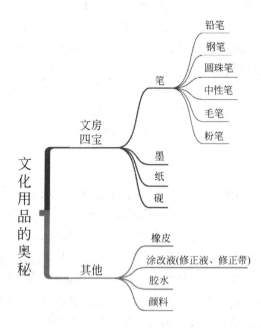

任务四　探索体育用品中的化学知识

【任务介绍】

学习体育用品的相关知识，完成以下任务。

为你喜爱的体育运动选择满足相应要求的运动装备，并探求其中蕴藏的化学知识。

【任务分析】

学习体育用品的相关知识，结合个人情况，在日常生活中学会正确购买和使用体育用品。

【相关知识】

在激动人心、令人赏心悦目的体育世界中，也处处充满着化学知识。

1. 奥运火炬

几千年来，火炬一直是光明、勇敢和威力的象征。自第十一届奥运会以来，历届开幕式都要举行颇为隆重的"火炬接力"。丁烷气和煤油是常用的火炬燃料：

$$2C_4H_{10}+5O_2 \xrightarrow{\text{点燃}} 8CO_2 \uparrow +10H_2O$$

我国化学家研制的式样新颖的轻型火炬，火苗高达 1m 左右，在晴朗的白天，即使 200m 外，仍然清晰可见，并且在大雨中也能熊熊燃烧。

2. 足球场上的"神医"

在激烈拼搏的足球赛中，我们常看到运动员摔倒在草坪上，这时队医急忙跑上前，用一个小喷壶，在运动员受伤的部位喷几下，然后反复搓揉、按摩一会儿，受伤运动员又生龙活虎地冲向了球场。小壶里装的是氯乙烷（CH_3CH_2Cl），一种无色、沸点只有 13.1℃的易挥发有机物。因为液体挥发时，将从周围吸收热量，所以当把氯乙烷药液喷洒在运动员受伤部位时，由于它们迅速挥发而使皮肤表面的温度骤然下降，知觉减退，从而起到了镇痛和局部麻醉的作用。

3. 泳池用水

在奥运比赛的游泳场馆中，蓝色的游泳池水令人赏心悦目。这是出于杀菌的需要，在池水中加有重金属盐 $CuSO_4$（图 4-4-1）。

4. 运动鞋底

不同的运动员对于运动鞋的材料也有不同的要求。为此，设计师采用了最新的化学材料设计了各种性能的运动鞋（图 4-4-2），颇受运动员的青睐。篮球、排球运动员需要有一定弹跳性的鞋，他们选用弹性好的顺丁橡胶作鞋底；足球运动员要求鞋能适应快攻快停、坚实耐用的要求，使用强度高的聚氨酯橡胶作底材，并安装上聚氨酯防滑钉；田径运动员要求鞋柔

图 4-4-1 五水硫酸铜晶体（胆矾）

软而富有弹性，又设计了高弹性的异戊橡胶作为鞋底，满足了运动员的要求。

顺丁橡胶篮球鞋底   热塑性聚氨酯足球鞋底   异戊橡胶跑鞋鞋底

图 4-4-2 运动鞋底

5. 举重擦粉

举重前，运动员把两手伸入盛有白色粉末"镁粉"的盆中（图 4-4-3），然后互相摩擦掌心。这个助运动员一臂之力的白色粉末"镁粉"，其实是碳酸镁（$MgCO_3$）。$MgCO_3$ 具有良好的吸湿性，能加大手掌心与器械之间的摩擦，从而使运动员能紧紧握住杠铃，创造优异成绩。

图 4-4-3 举重擦粉

6. 发令烟雾

在一般的小型田径比赛中，计时员是根据发令枪打响后的白色烟雾（图 4-4-4）计时的。

发令枪火药纸里的药粉含有氧化剂氯酸钾和发烟剂红磷等物质。摩擦产生的高温使氯酸钾迅速发生分解反应：

$$2KClO_3 \xrightarrow{\text{高温}} 2KCl + 3O_2 \uparrow$$

产生的氧气马上与红磷发生剧烈的燃烧，反应如下：

$$4P + 5O_2 \xrightarrow{\text{点燃}} 2P_2O_5$$

燃烧的产物是白色五氧化二磷粉末，在空气中形成白烟，计时员就在看到白色烟雾时开始计时。

图 4-4-4　发令烟雾

7. 神奇撑杆

撑杆跳高的关键器材是撑杆，它起着传递力量、积蓄能量的作用，起决定作用的是撑杆的弹性性能和长度。1932 年，日本选手西田修平奇迹般跳过 4.30m 高度，创造佳绩，很重要的原因就是日本有丰富的竹资源，当时世界各国选手都是用日本加工的高强度和高韧性的竹竿。但是第二次世界大战的战火使竹源中断，迫使欧美等国开发了轻质合金的金属撑杆，这种金属杆直径均匀，不易弯曲，性能优于竹竿，但其在插入插穴时产生很大冲击力，需运动员上肢肌肉发达，因此成绩提高有限。玻璃纤维杆的出现，以其优异的弯曲性能，很快风靡全球，运动成绩突飞猛进，世界撑杆跳名将布勃卡使用这种玻璃纤维杆，多次打破世界纪录，创造了体坛的神话。目前世界级的撑杆跳比赛中也常用碳纤维撑杆（图 4-4-5）。碳纤维是一种含碳量在 90% 以上，高强度、高模量的新型纤维材料，有着"外柔内刚"的特征。近年来，一种更先进的石墨玻璃纤维合成杆被研制出来，优点是质地轻、坚韧可靠、弹性好，而且不像玻璃纤维从一端到另一端只能均匀弯曲，使运动员握杆更高，更容易用力在杆尖，增加弹力，创造佳绩。

图 4-4-5　碳纤维撑杆

8.泳衣

泳衣的改进关键就减少水的阻力。最重要的两点：一是水不从泳衣表面进入，又能使进入泳衣的水流出；二是使用质轻料薄、表面光滑的材料。1950 年尼龙泳衣风靡世界，特点是伸缩性好，径向易伸长，胸褡处衬入橡胶层。1972 年慕尼黑奥运会，毛线泳衣出现了，它只在一个方向上有伸缩性。1976 年美国杜邦公司生产了双向伸缩的聚氨酯纤维，它用在泳衣反面，可以防止衣服伸长时过多水的渗入。1988 年又有新型游泳衣推出，该泳衣质地薄、表面光滑、伸缩性能好，可减少 10% 的阻力。2000 年悉尼奥运会上，伊恩·索普穿着鲨鱼皮泳衣（图 4-4-6）一举夺得三枚金牌。鲨鱼皮泳衣也称为快皮，核心技术是模仿鲨鱼的皮肤。鲨鱼皮肤表面粗糙的 V 形皱褶可以大大减少水流的摩擦力，使身体周围的水流更高效地流过，鲨鱼得以快速游动。目前正在研制仿生材料制成具有鱼类皮肤特点的超能力泳衣，日本一位科学家构想，在泳衣表面涂上分子量为 400 万的高分子化合物，与水摩擦时，高分子化合物剥落，阻力减少，数据显示其较一般泳衣阻力可减少 10%，由此推算 100m 自由泳可缩短 2s 时间。

图 4-4-6　穿着鲨鱼皮泳衣的伊恩·索普

【知识点小结】

体育用品中的化学知识
- 奥运火炬
- 足球场上的"神医"
- 泳池用水
- 运动鞋底
- 举重擦粉
- 发令烟雾
- 神奇撑杆
- 泳衣

自我评价

一、选择题（单选和多选）

1. 洗涤助剂的作用不包括（   ）。
   A. 增强表面活性   B. 软化硬水
   C. 润湿渗透、分散乳化、增溶   D. 改善泡沫性能

2. 以下哪种洗涤用品对环境的破坏最小（   ）。
   A. 洗衣粉   B. 洗衣液   C. 肥皂   D. 洁厕灵

3. 洗涤用品的化学组成中，必要成分是（   ）。
   A. 表面活性剂   B. 络合剂   C. 磷酸盐   D. 酶

4. 以下不属于荧光增白剂功能的是（   ）。
   A. 增加被洗涤织物的白度或鲜艳度
   B. 改善粉状洗涤剂的外观
   C. 增强去污能力
   D. 提高洗衣粉粉体的白度

5. 以下叙述错误的是（   ）。
   A. 强力去污粉及洁厕剂所含的化学成分更容易损伤皮肤。
   B. 一般市面所销售的强力化学清洁剂，多含有强酸、强碱、表面活性剂配方、强腐蚀性或刺激性毒性物质等。
   C. 增加洗洁精的用量可以把餐具洗得更干净。
   D. 每天吃下残留在食物或餐具上的洗涤剂，积少成多，会损害人体健康。

6. 下列不属于化妆品功能的是（   ）。
   A. 护肤   B. 养生   C. 美容   D. 清洁

7. 下列哪种物质可以添加到美白化妆品中起美白作用（   ）。
   A. 苯酚   B. 熊果素   C. 白芷   D. 氢醌

8. 护肤品使用的一般原则是（   ）。
   A. 先稀薄，后干稠；治疗性产品只选择一种产品。
   B. 先稀薄，后干稠；治疗性产品应适当减少产品用量。
   C. 先干稠，后稀薄；治疗性产品应完全按照说明书使用。
   D. 先稀薄，后干稠；治疗性产品应完全按照说明书使用。

9. 下列哪项不是柔肤水的主要功效（   ）。
   A. 补水   B. 保湿   C. 收敛   D. 润肤

10. （多选）下列产品中属于化妆品的是（   ）。
    A. 美容院注射的肉毒杆菌   B. 染发剂
    C. 洗面奶   D. 润肤霜

11. 关于铅笔，下列哪种叙述错误（   ）。
    A. 当掺入黏土较多时，铅笔芯硬度增大，笔上标有 H。
    B. 儿童学习、写字适用软硬适中的 HB 标号铅笔。
    C. 当掺入石墨较多时铅笔芯硬度增大，笔上标有 H。

D. 2B、6B铅笔常用于画画、涂答题卡。

12. 关于钢笔、圆珠笔、中性笔，下列哪种说法错误（   ）。

    A. 铱金笔既有较好的耐腐蚀性和弹性，还有经济耐用的特点。

    B. 圆珠笔比钢笔坚固耐用，但如果使用保管不当，往往写不出字来。

    C. 圆珠笔兼有自来水钢笔和中性笔的共同优点。

    D. 中性笔内的液体是一种有机颜料与尾端锂基酯混合的液体。

13. 粉笔的成分不包括（   ）。

    A. 碳酸钙   B. 硫酸钙   C. 氧化钙   D. 磷酸钙

14. （多选）不主张使用有刺鼻香味的橡皮的原因是（   ）。

    A. 样式时尚   B. 含有苯、甲醛、苯酚等有害化学物质

    C. 添加香精   D. 添加有机溶剂

15. 氯乙烷（CH_3CH_2Cl）被称为足球场上的"神医"，原因不包括（   ）。

    A. 无色、易挥发   B. 无机物

    C. 挥发时从周围吸收热量   D. 会使皮肤温度骤然下降，知觉减退

二、判断对错

1. 去污的本质就是从被洗涤物上将污垢洗涤干净。

2. 洗衣粉可当作洗碗剂。

3. 洗碗必用洗洁精。

4. 洗涤毛料和丝绸的衣物，最好使用中性的洗涤剂。

5. 用洗涤剂洗涤衣物和餐具时，一定要用清水冲洗干净。

6. 透明质酸在护肤类化妆品中的作用是保湿剂。

7. 在正常状态下皮肤的pH呈现弱酸性。

8. 一般制作香水的主要溶剂是水。

9. 染发时最好戴手套。

10. 不小心取出多余的化妆品用不完，可以再放回化妆品容器内。

11. 笔、墨、纸、砚是文房四宝。

12. 粉笔的主要成分为碳酸钙（石灰石）和硫酸钙（石膏），或含少量的氧化钙。

13. 圆珠笔的最大的缺点是写出来的字迹会慢慢地模糊起来。

14. 涂改液挥发性强，如被吸入人体或黏在皮肤上，将引起慢性中毒。

15. 涂胶量越多，胶水粘接力就越好。

16. 在奥运比赛的游泳场馆中，游泳池水呈蓝色是由于加入$CuSO_4$。

17. 篮球、排球运动员最好选用聚氨酯橡胶作鞋底。

18. 好泳衣可大大减少水的阻力。

19. 发令枪里含有氯酸钾和红磷。

20. 碳酸镁（$MgCO_3$）可帮助举重运动员增大手掌心与器械之间的摩擦。

项目五

探索生活中的高分子材料

【项目说明】

日常生活中的各种物品都由材料制成，在各种材料中，高分子材料发展最为迅猛，应用也越来越广。本项目带领大家探索不同高分子材料的特性，以便更好使用、保护高分子材料，节约能源，造福子孙后代。

任务一　认知材料

【任务介绍】

观察你生活的房间，随意选 10 种物品，确认它们由何种材料制成，并将这些材料按成分和特性进行分类。

【任务分析】

生活中材料处处可见，学习相关知识，理解材料的重要性。

【相关知识】

一、材料概述

材料是具有一定功能，可以用来制作器件、构件、工具、装置等物品的原料。简单地说，材料是用来制造有用器物的原料。从房屋的建造到家用电器、家具的生产，再到汽车、火车、飞机甚至宇宙飞船的制造都需要各种各样的材料。玻璃、陶瓷、橡胶、塑料、纤维、金刚石、石墨、半导体等材料（图 5-1-1）已经融入我们的生活。

材料是人类社会进步的物质基础和主要标志。因此，历史学家根据人类使用的材料来划分时代，如图 5-1-2 所示。现代社会大量使用合成材料，所以也有人把现代社会称为合成材料时代。

材料同能源、信息一起成为支撑人类现代文明的三大支柱。材料是能源和信息的基础，所以，材料是人类社会现代文明的基石。

图 5-1-1　丰富多彩的材料

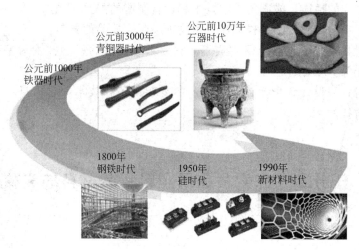

图 5-1-2　按材料划分的时代

二、材料的分类

材料的种类异常丰富，分类的方法也有多种。

1. 按用途分类

材料按用途可分为结构材料和功能材料。结构材料主要利用材料的力学性能和理化性质，广泛用于机械制造、工程建设、交通运输和能源等部门；功能材料则利用材料的热、光、电、磁等性能，用于电子、激光、通信、能源和生物工程等高新技术领域。

功能材料的最新发展是智能材料，它具有环境判断功能、自我修复功能和时间轴功能。

2. 按材料的成分和特性分类

材料按成分和特性可分为金属材料、无机非金属材料、高分子材料和复合材料。

金属是常见的材料，如钢铁、铝合金、金、银等。金属材料的强度很高，常被用作结构材料，在火车、汽车制造上大量使用。

无机非金属材料有石墨、金刚石、玻璃、陶瓷等。

高分子材料，主要包括塑料、纤维、橡胶、涂料和黏合剂等。高分子材料在很多情况下可以代替木头、钢材、陶瓷等使用，发展迅猛。

复合材料是指上面两种或三种材料复合在一起形成的材料。如，大量用作建筑材料的钢筋混凝土是金属和硅酸盐的复合物。又如，撑杆跳运动员使用的撑杆，最初采用玻璃纤维/不饱和树脂复合物，现在普遍采用碳纤维/环氧树脂复合物。

3. 按发展过程分类

材料按发展过程可分为传统材料和新型材料。

传统材料是指生产工艺已经成熟，并投入工业生产的材料。如，钢铁、陶瓷等。

新型材料是指新发展或正在发展的具有特殊功能的材料，如高温超导材料、功能高分子材料等。

新型材料的特点如下所述。

（1）具有特殊的性能，能满足尖端技术和设备制造的需要。例如，能在接近极限条件下使用的耐超高温、耐超高压、耐极低压、耐腐蚀、耐摩擦等的材料。

（2）新型材料是多学科综合研究成果。它要求以先进的科学技术为基础，往往涉及物理、化学、冶金等多个学科。

（3）新型材料从设计到生产，需要专门的复杂设备和技术，它自身形成一个独特的领域，称为新材料技术。

任务二 探索食品用塑料包装材料的奥秘

【任务介绍】

查看矿泉水瓶、饮料瓶、太空杯等食品包装容器的底部，看看是否有塑料回收的标志，如有，请确认是哪种塑料；如可回收，处理垃圾时请将其放入可回收的垃圾分类箱，为减少白色污染做贡献。

【任务分析】

学习塑料材料的相关知识，正确使用和处理塑料包装材料。

【相关知识】

食品包装材料是指包装、盛放食品或者食品添加剂用的纸、竹、木、金属、搪瓷、陶瓷、塑料、橡胶、纤维、玻璃等制品和直接接触食品或者食品添加剂的涂料。其中，塑料因其化学稳定性好、光学性能优良、轻便易带、价格低廉等优点被广泛使用。

一、塑料概述

1. 塑料的定义

塑料是一种以合成的或天然的高分子化合物为主要成分，辅以填料、增塑剂、稳定剂、润滑剂、色料等添加剂，可任意加工成各种形状，最后能保持形状不变的材料。塑料中的高分子化合物也常常称为树脂，这一名词最初是指动植物分泌的脂质物质，如松香、虫胶等，现在常指尚未和各种添加剂混合的高聚物。树脂约占塑料总重量的 $40\%\sim100\%$。塑料的基本性能主要由树脂决定，但添加剂也起着重要作用。有些塑料基本上全是由合成树脂组成的，不含或少含添加剂，如有机玻璃、聚苯乙烯等。人类历史上第一种完全人工合成的塑料是 1909 年美国化学家贝克兰制造的酚醛树脂，又称为"贝克兰塑料"。

2. 塑料的分类

塑料按用途分为通用塑料、工程塑料和特种塑料。

通用塑料产量大、价格低、用途广、影响面宽，通常将聚乙烯、聚丙烯、聚苯乙烯、聚氯乙烯称为四大通用塑料。

工程塑料是可用作工程材料和代替金属制造机器零部件的塑料，如聚酰胺、聚甲醛、有机玻璃、聚碳酸酯、ABS 塑料、聚苯醚、聚砜等。

特种塑料是具有特殊功能或特殊用途的塑料，如含氟塑料、有机硅树脂、特种环氧树脂、离子交换树脂等。

塑料还常按受热时的表现分为热塑性塑料和热固性塑料。前者可回收重复利用，后者无法重新塑造使用。

3. 塑料的特性

大多数塑料质轻，化学性质稳定，不会锈蚀，耐冲击性好，具有较好的透明性和耐磨性、绝缘性好，导热性低，一般成型性、着色性好，加工成本低。但大部分塑料耐热性差、热膨胀率大，易燃烧，尺寸稳定性差，容易变形，耐低温性差，低温下易变脆，容易老化，某些塑料易溶于溶剂。

二、食品用塑料包装材料

塑料因包装形式多种多样，能适应不同食品的包装要求，逐步代替了纸、金属、玻璃等传统包装材料，在食品中的应用越来越广。常见的塑料包装材料有聚乙烯、聚酯、聚丙烯、聚碳酸酯、聚氯乙烯、聚苯乙烯、聚甲基丙烯酸甲酯等。

为了减少塑料带来的白色污染，在塑料容器的底部通常有标志，如图 5-2-1 所示。这是塑料行业相关机构制定的塑料回收标志，如图 5-2-2 所示，每个编号代表一种塑料，它们的制作材料不同，使用禁忌也存在不同。

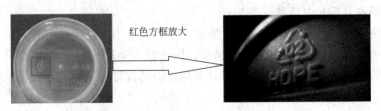

图 5-2-1 塑料容器底部的标志

"1号"，聚对苯二甲酸乙二醇酯（聚酯），简称"PET"，常用于矿泉水瓶、碳酸饮料瓶等。它只能耐热至 70℃，易变形。只适合装常温饮料或冷饮，装高温液体或加热则易变形，

图 5-2-2　塑料标号及使用建议

并释放出对人体有害的物质。

"2号"，高密度聚乙烯，简称"HDPE"，常用于清洁用品、沐浴产品的包装。此类容器可在细心清洁后重复使用。

"3号"，聚氯乙烯，简称"PVC"，常用于制作雨衣、建材、塑料膜、塑料盒等，很少用于食品包装。PVC是国内外最大塑料品种之一。突出优点是耐化学腐蚀、阻燃、成本低、加工容易，广泛用来制造薄膜、导线和电缆、板材和管材、化工防腐设备和隔音绝热泡沫塑料、包装材料和日常生活用品等。缺点是耐热性差，只能耐热81℃，高温时容易产生有害物质，甚至在制造的过程中都会释放有毒物质氯乙烯。若随食物进入人体，可能引起乳腺癌、新生儿先天缺陷等疾病。如果使用，千万不要让它受热，不要循环使用。

"4号"，低密度聚乙烯，简称"LDPE"，常用于保鲜膜、塑料膜等。LDPE耐热性不强，通常合格的PE保鲜膜在温度超过110℃时会出现熔化现象，会在食品上留下一些人体无法分解的塑料组分。食物中的油脂也很容易将保鲜膜中的有害物质溶解出来。因此，食物放入微波炉，先要取下包裹着的保鲜膜。LDPE高温时产生有害物质，有毒物随食物进入人体后，可能引起乳腺癌、新生儿先天缺陷等疾病。

"5号"，聚丙烯，简称"PP"，常用于微波炉餐盒、豆浆瓶、优酪乳瓶、果汁饮料瓶等，熔点高达167℃，是唯一可以安全放进微波炉的塑料盒，可在小心清洁后重复使用。需要注意，有些微波炉餐盒，盒体以5号PP制造，但盒盖却以1号PET制造，由于PET不能耐受高温，故不能与盒体一并放进微波炉。所以此类餐盒放入微波炉时，要把盖子取下。

"6号"，聚苯乙烯，简称"PS"，常用于泡面盒、快餐盒。

聚苯乙烯具有良好的高频绝缘性，透明无毒，有很好的加工性能，用于薄膜、玩具、发泡材料、电容器绝缘层和电器零件等。

聚苯乙烯既耐热又抗寒，但不能放进微波炉中，以免因温度过高而释放出化学物；并且不能用于盛装强酸性（如橙汁）、强碱性物质，因为强酸强碱作用下聚苯乙烯会分解出对人体有害的苯乙烯，容易致癌。因此，要尽量避免用快餐盒打包滚烫的食物。注意别用微波炉煮碗装方便面。

"7号"，其他类，常见的是聚碳酸酯（PC），常用于水壶、水杯、奶瓶。这种杯子很容易释放出有毒的物质双酚A，对人体有害，使用时不要加热，不要在阳光下直晒。

任务三　认知橡胶材料

【任务介绍】

观察你身边的事物，指出由橡胶材料制成的物品，并试着判断一下是哪种橡胶材料制成。

【任务分析】

学习橡胶材料的相关知识，熟悉不同橡胶材料的使用场合。

【相关知识】

一、橡胶概述

橡胶是具有高弹性的高分子材料，受到外力发生大形变，撤出外力后迅速回复至其初始形状和尺寸。橡胶在日常生活和工农业生产中用途很广。常见的橡胶制品有如下几种。

（1）防水用具。如雨衣、雨靴、水管、热水袋等。

（2）鞋底。如运动鞋和皮鞋的鞋底。

（3）车胎。如自行车、汽车、拖拉机、飞机等各种交通工具的轮胎。橡胶对提高这些交通工具的速度和运输效率起了很大作用，并且尚未发现更好的代用品。

（4）小日用品。如婴儿的奶嘴、橡皮擦、皮筋和松紧带。

橡胶具有突出的高弹性、良好的耐磨性和耐酸碱腐蚀性，有些品种如丁腈橡胶、氟橡胶等还耐油。此外，橡胶还具有电绝缘、消振和气密等特性。缺点是导热差、不耐热及不易机械加工等。

橡胶按来源分为天然橡胶和合成橡胶两大类。天然橡胶是从橡胶树、橡胶草等植物中提取胶质后加工制成，基本化学成分为顺式聚异戊二烯，弹性好、强度高、综合性能好。合成橡胶则由各种单体经聚合反应而得。

橡胶按性能可分为通用橡胶及特种橡胶。通用橡胶是指综合性能较好、应用面广的品种，包括天然橡胶、异戊橡胶、丁苯橡胶、顺丁橡胶等。特种橡胶是指具有特殊性能（如耐高温、耐油、耐臭氧、耐老化和高气密性等），并应用于特殊场合的橡胶，例如丁腈橡胶、丁基橡胶、硅橡胶、氟橡胶等。

二、天然橡胶

天然橡胶的主要产地在南美洲，那里盛产橡胶树，割破树皮会流出白色的胶乳，当地的印第安人把这种胶乳叫作树的眼泪。橡胶树的经济寿命约30～40年，7～8年树龄的胶树开始割胶，产1吨胶约需割3万棵橡胶树。

1820年苏格兰的化学家麦金托什发现，可以用石脑油将天然的橡胶进行溶解，并且涂覆在两块布的中间，从而做成了夹布雨衣。

随着人们的认识深入，发现这种天然橡胶的生胶具有一个致命的缺点，就是对温度过于敏感。温度稍高，它会发黏发臭；温度一低，它就会变脆变硬。这种缺点使得早期的橡胶工业无一例外地陷入了危机。

美国人查尔斯·固特异（Charles Goodyear）终其一生致力于消除橡胶发黏的这个缺点，并且取得了重大的成果。1839年1月，他不小心将橡胶和硫黄的混合物泼洒在热火炉上，把它刮起来冷却后，发现这东西已没有黏性，拉长或扭曲时还有弹性，能恢复原状。固特异的硫化过程涉及到天然橡胶的交联，这是橡胶工业发展的重要基础。查尔斯·固特异因此被称为"现代橡胶之父"。为了纪念他，1898年，弗兰克希·柏林兄弟俩将他们创建的橡胶公司取名"固特异轮胎与橡胶公司"。查尔斯·固特异与后来的固特异公司并没有关系，但固特异公司不但在技术上是对查尔斯·固特异的传承，更重要的是继承了查尔斯·固特异在逆境中不断探索的精神，固特异目前已是世界上规模最大的轮胎品牌。

1845年英国的工程师汤姆森在车轮的周围套上了一个合适的充气橡胶管。1890年，轮胎就被邓禄普正式地用在了自行车上。1895年，橡胶轮胎被广泛用在各种老式汽车上。

天然橡胶具有很好的耐磨性、很高的弹性、断裂强度及伸长率，有合成橡胶不能企及的一些优点，至今仍广泛用于轮胎、胶管、胶鞋等。

三、合成橡胶

合成橡胶是由分子量较低的单体经聚合反应而成，性能和用途因单体不同而异，产量占橡胶总产量的85%，主要来源于石油化工企业。

合成橡胶中的丁苯橡胶、顺丁橡胶、氯丁橡胶等由于产量大、用途广，被称为通用橡胶；硅橡胶、氟橡胶和丁腈橡胶等具有特殊用途，被归类为特种橡胶。

不同橡胶的性能有所差异，应用领域也有所不同。丁苯橡胶耐磨性好，而且价格低廉，可用作鞋底、地板等。顺丁橡胶具有很好的弹性和耐磨性，可以用作飞机的轮胎。氯丁橡胶具有非常好的耐化学腐蚀性、阻燃性、耐老化、耐油，可以作为运输带使用。

特种橡胶的性能非常优异。硅橡胶无毒无味，耐低温，又耐高温，在-65～250℃之间仍能保持弹性，具有良好的电绝缘性、抗氧化性、抗光老化性、防霉性及化学稳定性，应用于生物医用领域。氟橡胶具有非常好的耐化学腐蚀性，熔点高，其热稳定性是所有橡胶产品中最好的，在500℃时仍能保持较好的特性，应用于现代航空、导弹、火箭等尖端技术及汽车、造船、化学等工业领域。丁腈橡胶是丁二烯和丙烯腈的共聚物，耐油性极好，耐磨性较高，耐热性较好，粘接力强，主要用于制造耐油橡胶制品。

橡胶给大家生活带来便利的同时也产生了非常严重的"黑色污染"。为了减少"黑色污染"带来的危害，可以将废旧轮胎进行处理，加入一些催化剂进行裂解，产生一些新的产品，如炭黑或成品油等。

任务四　探索纺织纤维的奥秘

【任务介绍】

翻看你购买的衣物的标签，确定它是哪种或哪些纤维材料制成的，查阅相关资料，了解这些纤维材料的特点，根据其特点，正确地洗涤、晾晒和收藏衣物。

【任务分析】

学习纤维材料的相关知识，正确选衣、洗衣、护衣。

【相关知识】

纤维是指直径一般为几微米到几十微米，而长度比直径大百倍、千倍以上的细长物质。纤维分很多种，有造纸纤维、膳食纤维、纺织纤维等。

纺织纤维就是纺织用的纤维，按来源可分为天然纤维和化学纤维。

一、天然纤维

天然纤维指自然界原有的，或从经人工培植的植物中、人工饲养的动物中获得的纤维，包括植物纤维、动物纤维和矿物纤维，可以直接用来纺织。

1. 植物纤维

植物纤维，又称为天然纤维素纤维，为 β-葡萄糖（$C_6H_{12}O_6$）的聚合物，主要包括棉、麻和竹纤维等。

棉是全球产量最多的天然纤维。显微镜下看，棉纤维呈细长略扁的椭圆形管状、空心结构。棉吸湿（吸汗）性、透气性、保暖性好，但易缩、易皱，穿着时须熨烫。棉多用来制作时装、休闲装、内衣和衬衫。

麻纤维是实心棒状的长纤维，不卷曲，强度极高，吸湿、导热、透气性甚佳，洗后仍挺括，但穿着不甚舒适，外观较为粗糙、生硬，适于制作夏季衣裳、蚊帐。

棉、麻纤维不耐酸、碱的腐蚀，当强酸（如硫酸、硝酸或盐酸）或强碱（如氢氧化钠）滴落在棉或麻织品上时，就会严重损伤。弱碱性物质（如普通洗衣皂）对它们的损伤很小。

竹纤维是从竹子中提取的一种纤维素纤维，是继棉、麻、毛、丝之后的第五大天然纤维。竹纤维具有良好的透气性、瞬间吸水性、较强的耐磨性和良好的染色性，同时又具有天然抗菌、抑菌、除螨、防臭和抗紫外线功能。竹纤维用于服装面料，挺括、洒脱、亮丽、豪放，尽显高贵风范；用于针织面料，吸湿透气、防紫外线；用于床上用品，凉爽舒适、抗菌抑菌；用于袜子、浴巾，抗菌抑菌、除臭无味。

2. 动物纤维

常用的有丝、毛两类，如羊毛、兔毛、蚕丝等，主成分为蛋白质（角蛋白），均呈空心管结构。

蚕丝纤维细长，由蚕分泌汁液在空气中固化而成，通常一个蚕茧即由一根丝缠绕，长达 1000～1500m，吸湿、透气、强度高、有丝光，适合做夏季服装，是一种高级服装材料。

毛纤维包括各种兽毛，以羊毛为主，纤维比丝纤维粗短。构成羊毛的蛋白质有两种。一种含硫较多，称为细胞间质蛋白；另一种含硫较少，叫作纤维质蛋白。后者排列成条，前者则像楼梯的横档使纤维角蛋白连接，两者构成羊毛纤维的骨架，有很好的耐磨和保暖功能，具有柔软、蓬松、保暖、舒适、容易卷曲等优点，吸湿、弹性、穿着性能均好，但不耐虫蛀，适宜做外衣和水兵服。现在在羊毛织物内常添加防止虫蛀的成分，使羊毛织物依然受人喜爱。

3. 矿物纤维

矿物纤维是从纤维状结构的矿物岩石中获得的纤维，主要组成物质为各种氧化物，如二氧化硅、氧化铝、氧化镁等，其主要来源为各类石棉，如温石棉、青石棉等，可用作保温隔热材料。

二、化学纤维

化学纤维指用天然的或人工合成的高分子物质经过化学处理和机械加工制得的纤维。

化学纤维又分为人造纤维、合成纤维和无机纤维。

人造纤维的短纤维一律叫"纤"，如黏纤、富纤；合成纤维的短纤维一律叫"纶"，如涤纶、锦纶；如果是长纤维，在名称末尾加"丝"或"长丝"，如黏胶丝、涤纶丝。

1. 人造纤维

人造纤维是利用天然高分子化合物，如纤维素或蛋白质为原料，经过一系列化学处理和机械加工而制得的纤维。

人造纤维素纤维主要有黏胶纤维、醋酸纤维等；人造蛋白质纤维主要有大豆纤维、花生纤维、牛奶纤维等。

（1）黏胶纤维

黏胶纤维简称"黏纤"，属再生纤维素纤维。由天然纤维素经碱化而成碱纤维素，再与二硫化碳作用生成可溶性纤维素黄原酸酯，再溶于稀碱液制成黏胶，经湿法纺丝而制成。人造棉、人造丝、人造毛都属于黏纤。常用的服装面料莫代尔也是黏胶纤维的一种，是强度较高的黏胶纤维。

黏胶纤维的优点是吸湿性好、易染色、柔软、轻飘舒适、美观；缺点是缩水大、弹性小、耐磨性差、耐酸碱性比棉差。可制作内衣。

（2）醋酸纤维

醋酸纤维是以醋酸和纤维素为原料，经酯化反应制得的人造纤维。

醋酸纤维不易着火，可以用于制造纺织品、烟用滤嘴、塑料制品等。

醋酸纤维长丝酷似真丝，光泽优雅、染色鲜艳、染色牢度强，手感柔软滑爽、质地轻，回潮率低、弹性好、不易起皱，具有良好的悬垂性、热塑性、尺寸稳定性，广泛用来做服装里子料、睡衣、内衣等。

醋酸纤维短纤制成的无纺布可以用于外科手术包扎，与伤口不粘连，是高级医疗卫生材料。

（3）牛奶纤维

牛奶纤维是将液态的牛奶进行脱脂和去水，再通过湿法纺织而成，其中牛奶纤维的强度与涤纶的强度差不多，其自身的湿强度很高。

牛奶纤维制成的布料非常飘逸柔软、透气滑爽，并且能够对人们的皮肤进行湿润和保养，同时布料废弃后可发生自身降解，不会给生态环境带来影响。因此牛奶纤维属新型绿色环保人造纤维。

2. 合成纤维

合成纤维以石油、煤、石灰石、天然气以及某些农副产品等作原料，经化学合成和机械加工制得的纤维，原料丰富、化学性能和机械性能优异，在生活中应用极广，产量和品种已远超天然纤维和人造纤维。

常见的合成纤维有氯纶、氨纶、锦纶、维纶、腈纶、涤纶、丙纶。

（1）氯纶（耐腐易干）

氯纶是聚氯乙烯纤维的商品名。氯纶纤维具有较好的耐化学腐蚀性、保暖性、难燃性、耐晒性、耐磨性和弹性，缺点是吸湿性小、易产生静电、耐热性差、沸水收缩率大和难以染色。利用氯纶的阻燃性，可以加工成特殊用途的阻燃纺织品，如沙发布、安全性帐篷、车厢中的坐垫材料、地毯、防火帘、消防员和护林员穿的工作服（图5-4-1）等。氯纶还可用作工业防腐蚀滤布、绝缘布等。

（2）氨纶（弹性纤维）

氨纶是聚氨基甲酸酯纤维的简称，商品名称有莱克拉或莱卡等。氨纶纤维具有优异的延伸性和弹性回复性能。在合成纤维里弹性最好，强度最差，吸湿性差，有较好的耐光、耐酸、耐碱、耐磨性，广泛地用于内衣、休闲服、运动服、短袜、连裤袜、绷带等为主的纺织领域（图5-4-2）、医疗领域等。

图5-4-1 氯纶制成的工作服

图5-4-2 氨纶制成的衣服

（3）锦纶（结实耐磨）

锦纶是聚酰胺纤维的商品名称，国外叫尼龙、耐纶等。锦纶是合成纤维中性能优良、用途广泛的品种。它最突出的优点是耐磨性高于其他一切纤维，比棉花高10倍，比羊毛高20倍；还有强度高、弹性好、比重小、耐腐蚀、拒霉烂、不怕虫蛀、着色性好等特点，适宜制袜、裙。缺点是耐光性、保型性较差，表面光滑而有蜡状手感。

（4）维纶（水溶吸湿）

维纶也称为维尼纶，是聚乙烯醇缩醛纤维的商品名，其性能接近棉花，有"合成棉花"之称，是现有合成纤维中吸湿性最大的品种。原料易得，性能优良，用途广泛。耐磨、吸湿、透气性均佳，耐化学腐蚀、耐虫蛀霉烂、耐日晒等性能也很好，适宜做内衣和床单。缺点是弹性、染色性较差，耐热水性不够好，不宜在沸水中洗涤。

（5）腈纶（蓬松耐晒）

腈纶是聚丙烯腈纤维的商品名，国外叫奥纶、开司米，俗称合成羊毛。除吸湿性、染色性不如羊毛外，其他性能都优于羊毛。其耐气候、耐日晒的本领几乎超过一切天然纤维和化学纤维。它蓬松、温和、柔软、软化点高（160℃），宜做毛绒、毛毯或加工成膨体纱（将腈纶或尼龙经膨化加工使其含气率高而得），保暖性好。腈纶正在朝着合成蚕丝方向发展，成为制造轻薄华丽的绸缎的良好材料。腈纶还是制造耐高温纤维——碳纤维和石墨纤维的重要原料。

（6）涤纶（挺括不皱）

涤纶是聚对苯二甲酸乙二酯的商品名，俗称的确良，由乙二醇和对苯二甲酸二甲酯缩聚而得。涤纶纺织品的特性是强度高、弹性好、耐蚀耐磨、挺括不皱、免烫快干，还有良好的电绝缘性，但吸湿及透气性不好，适宜做外衣及工作服。耐热性优于锦纶，耐磨性仅次于锦纶。

（7）丙纶（质轻保暖）

丙纶是聚丙烯纤维的商品名，国外叫梅克丽纶、帕纶等，是密度最小（0.91，只有棉花的3/5）的合成纤维新秀，坚牢、耐磨、耐蚀，又有较高的蓬松性和保暖性。丙纶可与棉、毛、黏胶纤维混纺用于衣料，也可用作飞机用物、宇航服、蚊帐、降落伞等军用品。缺点是耐光性、耐热性、染色性、吸湿性和手感较差。

在合成纤维的基础上为改善纺织品的功能，将多种纤维混合，即得各种混纺制品。如50％黏胶、40％羊毛、10％锦纶混纺凡立丁简称黏毛锦花呢或三合一，又叫薄毛呢，兼具三种原料的优点，呢面光洁轻薄平整，手感挺滑，弹性好，色泽鲜艳耐洗，抗皱性能强，透气性好，是良好的夏季衣料。

3. 无机纤维

无机纤维是以天然无机物或含碳高聚物纤维为原料，经人工抽丝或直接碳化制成的，包括玻璃纤维、金属纤维和碳纤维。

【知识点小结】

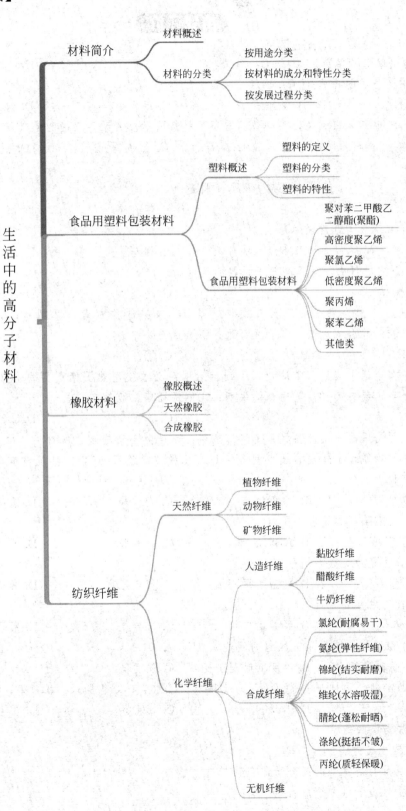

 自我评价

一、选择题（单选和多选）

1. 自然界中最坚硬的物质是（　　）。

　　A. 混凝土　　　　　　　　B. 金刚石　　　　　　　　C. 铝合金　　　　　　　　D. 钢

2. 材料与人类生活紧密相关，下列物品与所用材料的对应关系不正确的是（　　）。

　　A. 羊绒衫-天然纤维　　　B. 汽车轮胎-塑料　　　　C. 食品袋-塑料　　　　　D. 不锈钢餐具-铁合金

3. "东方红一号"人造卫星的外壳使用的材料是（　　）。

　　A. 铜　　　　　　　　　　B. 铝　　　　　　　　　　C. 铝合金　　　　　　　　D. 钢

4. 下列材料中吸水能力最强的是（　　）。

　　A. 纸　　　　　　　　　　B. 高吸水树脂　　　　　　C. 棉花　　　　　　　　　D. 海绵

5. （多选）下列材料中，属于高分子材料的是（　　）。

　　A. 天然橡胶　　　　　　　B. 尼龙　　　　　　　　　C. 陶瓷　　　　　　　　　D. 聚丙烯

6. 现代以石油化工为基础的三大合成材料是（　　）①合成氨；②塑料；③合成盐酸；④合成橡胶；⑤合成尿素；⑥合成纤维；⑦合成洗涤剂。

　　A. ①④⑦　　　　　　　　B. ②④⑥　　　　　　　　C. ①③⑤　　　　　　　　D. ④⑤⑥

7. 塑料制品在生活中应用非常广泛，下列生活用品必须使用热固性塑料的是（　　）①雨衣；②食品包装袋；③炒菜用锅的手柄；④电源插座；⑤饮料瓶。

　　A. ①②　　　　　　　　　B. ①②⑤　　　　　　　　C. ③④⑤　　　　　　　　D. ③④

8. 世博会期间使用的一次性餐具不是传统塑料，而是用全新的生物质材料"聚乳酸"，是将玉米等农作物通过生物发酵技术制备得到的一种"绿色石油"，对环境没有任何污染。它的使用有利于减少（　　）。

　　A. 水污染　　　　　　　　B. 白色污染　　　　　　　C. 光污染　　　　　　　　D. 热污染

9. 有"塑料之王"美称的塑料是（　　）。

　　A. 聚甲基丙烯酸甲酯　　　B. ABS塑料　　　　　　　C. 聚酰胺　　　　　　　　D. 聚四氟乙烯

10. 塑料容器的底部的数字编号6代表（　　）。

　　A. 高密度聚乙烯　　　　　B. 低密度聚乙烯　　　　　C. 聚氯乙烯　　　　　　　D. 聚苯乙烯

11. 天然橡胶的主要成分（　　）。

　　A. 聚乙烯　　　　　　　　B. 聚异戊二炔　　　　　　C. 聚异己二烯　　　　　　D. 聚异戊二烯

12. （多选）橡胶硫化是为了克服它的哪些缺点（　　）。

　　A. 温度高时发黏发臭　　　B. 温度低时变脆变硬　　　C. 强度低　　　　　　　　D. 易变形

13. 下列物品必须使用橡胶的是（　　）①雨衣；②水管；③轮胎；④松紧带；⑤橡皮擦。

　　A. ①②　　　　　　　　　B. ①②⑤　　　　　　　　C. ③④⑤　　　　　　　　D. ③④

14. 下列说法错误的是（　　）。

　　A. 塑料是合成树脂

　　B. 橡胶是具有高弹性的高分子化合物

　　C. 化纤指人造纤维和合成纤维

　　D. 塑料橡胶和纤维都是天然高分子化合物

15. 下列哪种橡胶除了具有很好的弹性，还具有耐磨性能，可以用作飞机的轮胎（　　）。
　　A.丁苯橡胶　　　　　　B.氯丁橡胶　　　　　　C.丁腈橡胶　　　　　　D.顺丁橡胶
16. （多选）以下对动物纤维描述正确的是（　　）。
　　A.又称为天然蛋白质纤维　　　　　　　　B.包括毛发和腺分泌物
　　C.毛纤维粗短，号称"会呼吸"　　　　　　D.桑蚕丝长而细，号称"人体第二肌肤"
17. （多选）以下对合成纤维描述正确的是（　　）。
　　A.苯、二甲苯、乙烯、丙烯等石油化工产品作为原料
　　B.强度高、吸水性不好
　　C.耐酸碱，不虫蛀
　　D.抗静电性差，易吸附灰尘
18. 性能极似羊毛，保暖性比羊毛高15％，有人造羊毛之称的是（　　）。
　　A.腈纶　　　　　　　　B.丙纶　　　　　　　　C.维纶　　　　　　　　D.涤纶
19. 抗皱免烫，俗称"的确良"的是（　　）。
　　A.腈纶　　　　　　　　B.丙纶　　　　　　　　C.涤纶　　　　　　　　D.维纶
20. （多选）以下对莱卡和莫代尔描述正确的是（　　）。
　　A.莱卡实际是氨纶　　　　　　　　　　　B.莫代尔是一种绿色环保人造纤维
　　C.莫代尔比莱卡更柔软、透气、贴身　　　D.莱卡弹性比莫代尔强

二、判断对错

1.材料是具有一定的功能，用来制造有用器物的原料。
2.同一种材料可以有不同的用途。
3.玻璃、陶瓷、木头属于无机非金属材料。
4.纤维素不属于高分子化合物。
5.高分子材料的发展使人类能够制造各种人工器官。
6.第一种完全由人工合成的塑料是酚醛树脂。
7.聚乙烯、聚丙烯、聚异丁烯、聚氯乙烯称为四大通用塑料。
8.2号、6号、7号塑料通常不建议用于食品包装。
9.塑料处理不当会造成白色污染，橡胶处理不当会造成黑色污染。
10.聚丙烯是唯一可以安全放进微波炉的塑料盒材料。
11.天然橡胶的学名是巴西橡胶树。
12.橡胶的硫化是橡胶工业的基础。
13.天然橡胶的一些性能是合成橡胶不能企及的。
14.通用橡胶主要指丁苯橡胶、顺丁橡胶、丁腈橡胶。
15.硅橡胶的熔点和热稳定性是所有橡胶产品中最高的。
16.棉、麻、毛、丝、竹纤维合称五大天然纤维。
17.人造棉属于绿色环保人造纤维。
18.锦纶可以用来做袜子、渔网、牙刷。
19.维纶有"合成棉花"之称。
20.纤维的长度比直径大百倍、千倍以上，而直径只有几微米到几十微米。

项目六

探讨环境污染的危害和控制

【项目说明】

本项目探讨环境空气污染物、水体污染物、居室污染物的来源、污染物的种类和危害，以便识别和防范这些危害，培养环境污染发生时的科学生存能力，建立保护环境、改善环境的良好意识和习惯。

任务一　认知环境空气污染

【任务介绍】

通过查阅资料和学习相关内容，完成以下任务。

1.认知良好环境空气的组成。

2.熟悉环境空气污染物的来源、种类及危害。

3.认知雾霾天气的危害，掌握恶劣天气中个体防护措施。

4.认知臭氧空洞的危害，了解臭氧空洞的形成机理，带头宣传保护环境、保护臭氧层。

5.熟悉环境空气评价指标，依据天气预报数据，科学合理做好环境污染状况下的个体防护。

【任务分析】

学习环境空气污染相关内容，能够在今后的日常生活中做好个体防护，科学、合理、健康生活，并将所学到的知识和具备的能力应用到保护环境的宣传和行动中去。

【相关内容】

环境污染指由于自然的或人为的破坏，环境的构成或状态发生变化，环境素质下降，从而扰乱和破坏了生态系统和人类的正常生产和生活条件的现象。

环境污染有不同的分类方法。环境要素分类，可分为空气污染、水体污染等。按造成环境污染的性质来源分类，可分为化学污染、物理污染（噪声污染、放射性污染、电磁波污染等）、生物污染等。按人类活动分类，可分为居室环境污染、城市环境污染、农业环境污染、工业环境污染等。

环境污染威胁着人们的健康，阻碍了人类社会可持续发展。如何保护我们赖以生存的自然环境，已成为世界各国政府和人们共同关注和思考的问题。只有控制和消除环境污染问题，才能保证人类长期生存，社会健康发展。

本项目仅介绍环境空气污染、水体污染和居室环境污染的相关内容。

一、环境空气污染物的主要来源

环境空气是由一定比例的氮气（N_2）、氧气（O_2）、二氧化碳（CO_2）、水蒸气（H_2O，g）、稀有气体和固体杂质微粒组成的混合物。就干燥空气而言，按体积计算，氮气占78.08%，氧气占20.94%，稀有气体占0.93%，二氧化碳占0.03%，而其他气体及固体杂质微粒大约是0.02%。

各种自然现象往往会引起环境空气成分的变化。例如，火山喷发时，有大量的粉尘和二氧化碳等气体喷射到空气中，造成火山喷发地区烟雾弥漫、毒气熏人；雷电等自然原因引起的森林大面积火灾也会增加二氧化碳和烟粒的含量等。不过，这种自然变化是局部的、短时间的，可自然恢复。随着现代工业和交通运输业的发展，向环境空气中持续排放的物质数量越来越大，种类越来越多，造成空气成分发生明显变化。当环境空气正常成分之外的物质达到对人类健康、动植物生长以及气象气候产生危害的时候，环境空气就受到了明显污染。

造成环境空气污染的物质来源，主要有以下四个方面。

1. 工业

工业生产是环境空气污染的一个重要来源。工业生产排放到环境空气中的污染物称为工业废气，其种类繁多，有烟尘、硫的氧化物、氮的氧化物、挥发性有机物、卤化物、碳的化合物等。

2. 交通运输业

汽车、火车、飞机、轮船是当代的主要运输工具，它们燃烧燃油产生的废气中含有一氧化碳、二氧化硫、氮氧化物和碳氢化合物等，是造成大城市环境空气污染又一重要来源。其中，燃油汽车尾气对环境空气的破坏远超我们的想象，对燃油汽车保有量的控制以及新能源汽车推广势在必行。

3. 生活炉灶与采暖锅炉

城乡居民使用生活炉灶和采暖锅炉需要消耗大量煤炭和燃气，其中煤炭在燃烧过程中要释放大量的灰尘、二氧化硫、一氧化碳等有害物质，污染环境空气。

4. 森林火灾

森林火灾，有的是天灾，有的是人为。森林火灾产生的烟雾会造成局部、阶段性环境空气的严重污染。

二、常见环境空气污染物

到目前为止，已知的空气污染物约有100多种，污染物的形态可能是固体状的粒子，也可能是液滴或气体，或是这些形态的混合形式。我国法令所定义的空气污染物可分为四大类。

1. 气状污染物

气状污染物包括硫的氧化物（SO_2、SO_3）、一氧化碳（CO）、氮氧化物（NO_x）、碳氢化合物、氯气（Cl_2）、硫化氢（H_2S）、硫化烃、氟化物、氧化烃、氯化烃等。

2. 粒状污染物

粒状污染物包括气溶胶、烟、尘、雾霾和炭烟等。有天然来源，如风沙、尘土、火山爆发、森林火灾等造成的颗粒物；也有人为来源的颗粒物，如工业活动、建筑工程、垃圾焚烧以及车辆尾气排放等。

3. 二次污染物

二次污染物是由于阳光照射污染物，污染物间相互发生化学反应，或污染物与大气成分发生化学反应生成的有害物质。光化学烟雾就是一种二次污染物。二次污染物的毒性一般比一次污染物强，对生物和人体的危害也更严重。

4. 恶臭物质

恶臭物质是指大气、水、土壤、废弃物等物质中的异味物质，通过空气介质作用于人的嗅觉器官而引起不愉快、并危害人类健康的一类气态物质。恶臭散发源分布广泛，但多数来自以石油为原料的化工厂、垃圾处理厂、污水处理厂、饲料厂和肥料加工厂、农牧场、皮革厂、纸浆厂等工业企业。特别是石油中含有微量硫、氧、氮等元素的有机化合物，在储存、运输、加热、分解、合成等工艺过程中，产生如硫化氢（H_2S）、二氧化硫（SO_2）、三氧化硫（SO_3）、二硫化碳（CS_2）、二氧化氮（NO_2）、臭氧（O_3）、氨（NH_3）、硫化铵 $[(NH_4)_2S]$、硫醇类、硫醚类、醇和酚、醛和酮、醚、胺类、酰胺类、苯乙烯、苯（C_6H_6）、甲苯（$C_6H_5CH_3$）、二甲苯（$H_3CC_6H_4CH_3$）等大量带有臭气的物质，逸散到环境空气中，造成环境空气的恶臭污染。

三、环境空气污染的危害与影响

空气污染对人类及其生存环境造成的危害与影响，已逐渐为人们所认识，归结起来有如下几个方面。

1. 危害人类健康

人体受害有三条途径，即吸入污染空气、表面皮肤接触污染空气和食入含空气污染物的食物。空气污染物对人体造成的危害是多方面的，主要表现是呼吸道疾病与生理机能障碍，以及眼、鼻等黏膜组织受刺激患病。

一个成年人每天呼吸大约2万多次，吸入空气达15～20立方米。因此，被污染了的空气对人体健康有直接的影响。空气中污染物的浓度很高时，会造成急性中毒，或使病状恶化，甚至会夺去人的生命。例如1952年的伦敦烟雾事件，就造成12000多人丧生。即使空气中污染物浓度不高，但人体成年累月呼吸这些污染了的空气，也会引起慢性支气管炎、支气管哮喘、肺气肿及肺癌等疾病。

2. 危害生物生长

动物因吸入污染空气或食用含污染物的食物而发病或死亡。空气污染物，尤其是二氧化硫、氮的氧化物、氟化物等对植物的危害十分严重，当污染物浓度很高时，会对植物产生急性危害，使植物叶表面产生伤斑，或者直接枯萎脱落；当污染物浓度不高时，会对植物产生慢性危害，使植物叶片褪绿，或者表面上看不见什么危害症状，但植物的生理机能已受到了影响，造成植物产量下降，果实品质变差。

3. 酸雨的危害

有时候，空气中存在酸性污染物，如二氧化硫、氮的氧化物经过氧化形成三氧化硫、五氧化二氮，降雨时雨水就含有硫酸、硝酸。这种酸雨除了能使大片森林和农作物毁坏，还能使纸品、纺织品、皮革制品等腐蚀破碎，能使金属的防锈涂料变质而降低保护作用，还会腐蚀、污染建筑物。特别是对农业、林业、淡水养殖业等产生非常不利的影响。

4. 破坏臭氧层

消耗臭氧层物质，如氟利昂，破坏了保护地球的臭氧层，使臭氧层出现空洞，更多的紫外线照射到地球表面，威胁人类健康，引起白内障、皮肤癌等多种疾病，使农作物大量减产，海洋生物数量减少，加速人工合成材料的老化等。

5. 对全球气候产生影响

在各种空气污染物中，二氧化碳虽然不是有毒物质，但其对气候的影响最为显著。从无数烟囱和其他种种废气管道排放到空气中的二氧化碳，约有 50% 不被光合作用利用，它会吸收来自地面的长波辐射，使近地面空气温度增高，产生"温室效应"。粗略估算，如果空气中二氧化碳含量增加 25%，近地面气温可以升高 0.5～2℃；如果增加 100%，近地面温度可以升高 1.5～6℃。有专家认为，大气中的二氧化碳含量照现在的速度增加下去，若干年后会使得南北极的冰融化，导致全球气候异常。

空气污染对全球气候变化的影响得到全世界的关注，2016 年 4 月近 200 个国家签署了《巴黎协定》，该协定为 2020 年后全球应对气候变化行动作出安排，主要目标是将本世纪全球平均气温上升幅度控制在 2℃ 以内，最终目标是将全球气温上升幅度控制在 1.5℃ 以内。

我国于 2016 年 9 月 3 日加入《巴黎协定》，成为第 23 个完成批准协定的缔约方。2019 年 12 月 2 日在西班牙首都马德里举行第 25 次缔约方会议，在 12 月 4 日的新闻发布会上，作为大会主席的智利环境部部长卡罗琳娜·施密特表示，中国在实施《巴黎协定》、促成世界各国达成共识、共同解决世界气候问题上扮演着重要的角色。

四、多发环境空气污染现象——雾霾天气

1. 雾霾

雾霾，顾名思义是雾和霾的总称。

雾是由大量悬浮在近地面空气中的微小水滴或冰晶组成的气溶胶系统。雾的存在会降低空气的透明度。

霾是由空气中的灰尘、硫酸、硝酸、有机碳氢化合物等粒子组成的。它使大气混浊，视野模糊，导致能见度恶化。

雾和霾的区别很大，见图 6-1-1 和表 6-1-1。

雾 霾

图 6-1-1 雾和霾

表 6-1-1 雾和霾的区别

类型	雾	霾
存在形态	悬浮于空气中的水滴小颗粒	悬浮于空气中的固体小颗粒,包括灰尘、硫酸、硝酸等各种化合物
颜色	呈乳白色,青白色	多为黄色或橙灰色
含水量*	相对湿度(含水量)大于90%	相对湿度(含水量)小于80%
分布均匀度	在空气中分布不均匀,越挨近地面,密度越大	在空气中均匀分布
能见度	能见度很低,一般在1公里之内	能见度较低,一般在十公里之内
垂直厚度	厚度一般为几十米到二百米之间	厚度一般可达一千米到三千米之间
边界明晰度	边界明显	边界不明显
持续时间	持续时间较短,一般不会超过半天	持续时间较长,严重时可达几天
社会影响	对人们生活、健康影响不大	对人体健康和植物都有害

* 相对湿度在80%到90%之间为雾霾混合物。

随着空气质量的恶化，阴霾天气出现增多，危害加重。我国不少地区常把阴霾天气和雾并在一起作为灾害性天气预警预报，统称为"雾霾天气"。雾霾现象并不只在我们的身边出现，世界各地都先后出现过雾霾。

通常雾霾天空气中各种悬浮颗粒物含量超标。颗粒物的英文缩写为PM。如今我们常常能听到"PM2.5"这个关键词。PM2.5是指空气动力学当量直径小于等于 2.5 微米的污染物颗粒，能较长时间悬浮于空气中，是造成雾霾天气的"元凶"。PM2.5 值越高，空气污染越严重。

2. 雾霾的危害

雾霾含有各种对人体有害的细颗粒、有毒物质，包括了酸、碱、盐、胺、酚等，以及尘埃、花粉、螨虫、流感病毒、结核杆菌、肺炎球菌等，其含量是普通大气水滴的几十倍。

雾霾对人体和交通造成巨大的危害。

（1）雾霾对人体的危害

1）雾霾影响呼吸系统

雾霾对呼吸系统的影响最大。

霾中有害健康的成分主要是直径小于 $10\mu m$ 的气溶胶粒子。一般来说，如果悬浮颗粒物的空气动力学当量直径大于 $10\mu m$（PM10），会被阻挡在人体的鼻腔之外，对健康基本不会造成影响。如果悬浮颗粒物的当量直径介于 $2.5\sim10\mu m$ 之间虽然也会被吸入，但鼻腔内壁的绒毛，会阻挡其中的绝大部分，对健康危害也不是特别大。如果悬浮颗粒物的当量直径小于 $2.5\mu m$（PM2.5），这种颗粒物既不容易被阻挡，也不容易被排除，会直接通过支气管，进入肺泡内部，刺激呼吸道，出现咳嗽、呼吸不畅等哮喘症状，影响肺部正常功能的发挥。因此，人们习惯把空气中当量直径小于 $2.5\mu m$ 的悬浮颗粒物（PM2.5）称做"可入肺颗粒物"。

雾霾天气导致近地层紫外线减弱，容易使得空气中病菌的活性增强，细颗粒物会"带着"细菌、病毒，进入呼吸系统的深处，造成感染。

对呼吸系统疾病患者，雾霾天气可使病情急性发作或急性加重，如果长期处于这种环境还会诱发肺癌。

2）雾霾影响心脑血管系统

雾霾天气对人体心脑血管疾病的影响也很严重，会阻碍正常的血液循环，导致心血管病、高血压、冠心病、脑溢血，可能诱发心绞痛、心肌梗塞、心力衰竭等，出现慢性支气管炎和肺源性心脏病等。

雾霾天气压比较低，氧气含量低，会使心脏跳动加速，使人胸闷气短，情绪烦躁，造成血压起伏较大，人会产生一种烦躁的感觉，血压自然会有所增高。雾霾天往往气温较低，一些高血压、冠心病患者从温暖的室内突然走到寒冷的室外，血管热胀冷缩，也可使血压升高，导致中风、心肌梗死的发生。所以心脑血管病患者一定要按时服药，小心应对。

3）雾霾影响生殖能力

研究表明，长期暴露于高污染空气中的人群，其精子在体外受精时的成功率可能会降低。研究人员还发现了有毒空气和男性生育能力下降之间的关联。另一项大型的国际研究也证实，接触过某些高浓度空气污染物的孕妇，更容易产下体重不足的婴儿，增加婴幼儿死亡率和患疾病的风险，影响婴幼儿的发育及健康。

4）雾霾不利于儿童成长

由于雾霾天日照减少，儿童紫外线照射不足，体内维生素 D 合成不足，对钙的吸收大大减少，严重的会引起佝偻病、生长发育减缓。

5）雾霾影响心理健康

持续大雾天对人的心理也有影响。从心理上说，大雾天给人造成沉闷、压抑的感受，会刺激或者加剧心理抑郁的状态。此外，由于雾霾天光线较弱及其导致的低气压，易产生精神懒散、情绪低落的现象。

（2）雾霾危害交通

出现雾霾天气时，空气能见度降低，通行效率低，交通压力也随之增大。高速公路被迫封闭，大量拥挤在道路上的交通工具，会排放更多的尾气，从而加剧雾霾对交通的影响。这种情况下，无论行走还是行车都容易发生危险，更应该多观察路况。

3. 雾霾天气的应对策略

雾霾天气危害如此之大，威胁健康，影响出行，雾霾的控制与防护就变得日趋重要！

（1）自我应对策略

1）雾霾天气放弃晨练

晨练时人体需要的氧气量增多，呼吸也要加深，必然造成更多的有害物质吸入呼吸道，从而危害健康。雾霾天人们要放弃晨练，不要出去运动，最好选择在家运动或者去健身房运动。

2）出门戴口罩

对上班族来讲，雾霾天不可能不出去上班，所以出门一定要戴上口罩，必要的时候也要戴上护目镜，尽量减少与空气中有害物质的直接接触，降低空气污染的危害。

3）开车要小心

对于开车族来讲，雾霾天视野差，行人的视野也差，所以开车一定要小心。在行驶前要熟悉灯光的使用，开启前后雾灯。行驶过程中要与前面的车辆保持足够的距离，小心慢行。

4）关闭门窗

对于能够待在家里的人，要关闭门窗，外面的空气质量差，湿度也大，外面的空气还不如室内的空气质量好，所以不要开窗通风透气，有条件可开启空气净化器。

5）饮食宜清淡

持续的雾霾天气有可能会使呼吸道出现不同的问题，故饮食宜清淡，多喝水。选择易消化且富含维生素的食物，多吃新鲜蔬菜、水果和具有滋阴润肺功效的食物。可多喝桐桔梗茶（桐参茶）和罗汉果茶，这些饮品能起到很好的护嗓润肺作用。注意补钙、补维生素 D，多吃豆腐、鱼类等。

（2）政府应对策略

从国家层面看，雾霾防治的重点应从环境准入入手，强化预防，具体体现在以下四个方面。

第一，加快能源结构调整，减少燃煤量，增加清洁能源量。

第二，加强工业污染减排。全面推行排污许可制度，提高排污费征收标准，降低排放量。

第三，加大机动车污染治理。加快新能源汽车的开发和应用，加快新排放标准实施进度，大力发展公共交通，提倡绿色出行，减少尾气的排放量。

第四，进一步加强工业污染监管工作。发布大气雾霾预警信号，建立区域联防联控机制，加强能见度实时监控和预报，严格控制污染物的排放总量。

为切实改善空气质量，2013 年国务院发布了大气污染防治行动计划，简称大气 10 条。从杭州这座城市八年间的雾霾天数统计的变化情况（表 6-1-2）可以看出，雾霾综合治理的作用和效果已经开始显现。

表 6-1-2　杭州市 2011～2018 年雾霾天数

年份	2011	2012	2013	2014	2015	2016	2017	2018
雾霾天数	159	157	239	154	124	185	66	40

五、最具杀伤性的空气污染现象——臭氧层空洞

1. 臭氧层及其作用

臭氧层是指距地面 15～50 千米的大气平流层中臭氧（O_3）浓度相对较高的部分。臭氧层能滤掉太阳光中 99% 的紫外线，以及其他各种高能量的宇宙射线，使人类和地球上的各种生物免受有害紫外线危害，有效保护人类健康和生态系统，被誉为地球生物生存繁衍的保护伞。

2. 臭氧空洞的成因

1985 年英国南极考察队在南纬 60°地区观测发现第一个臭氧层空洞。美、日、英、俄等国联合观测发现，北极上空臭氧层在 2011 年也减少了 20%，出现第二个臭氧层空洞，而且空洞的位置还在不断移动。在被称为世界上"第三极"的青藏高原，中国大气物理及气象学者的观测也发现，青藏高原上空的臭氧正在以每 10 年 2.7% 的速度减少，已经成为大气层中的第三个臭氧空洞。图 6-1-2 为多布森单位表示的南极臭氧空洞示意图

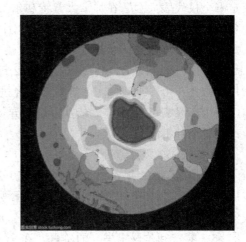

图 6-1-2 南极臭氧空洞

臭氧层遭到破坏形成空洞，主要是由于人类生活中使用了大量的氟利昂、哈龙等卤氟烃类。常用的卤氟烃是氯氟烃和溴氟烃。这些卤氟烃被广泛用作制冷剂、发泡剂、喷射剂等，以满足人们对舒适生活的追求。卤氟烃在生产和使用过程中，被释放到大气，进入大气对流层中是非常稳定的，可以停留很长时间，如 CCl_2F_2（氟利昂的一种）在对流层中可以稳定存在 120 年左右。因此，这类物质可以扩散到大气的各个部位，但是到了平流层后，就会在紫外线辐射下发生光化学反应，释放出活性很强的游离氯原子或溴原子，参与导致臭氧损耗的一系列化学反应。一个活性氯原子或溴原子可以破坏 10 万个左右的 O_3 分子，这就是氯氟烃和溴氟烃破坏臭氧层的原因。此外，研究还发现，核爆炸、航空器发射、超音速飞机等将大量氮的氧化物（NO_x）注入平流层中，也会使臭氧浓度下降。

3. 臭氧空洞的危害

臭氧层一旦出现空洞就会威胁人类健康，强烈的太阳紫外线照射会引起白内障、皮肤癌等多种疾病。有数据显示，臭氧空洞每增加 1%，人类患皮肤癌的概率就增加 4%～6%，失明人数增加 1 万～1.5 万人。强烈的紫外线，还会影响水生动植物的生活，使海洋生物数量减少，进而损害整个水生生态系统，严重地阻碍各种农作物和树木的生长。臭氧层厚度减少 25%，大豆将减产 20%～25%。过强的紫外线，还会使动植物发生变异，造成某些生物的灭绝。因此，臭氧层破坏已成为当今国际社会面临的重要环境问题之一。

4. 修复臭氧层的措施

1) 从我做起

保护臭氧层是我们共同的责任。我们都是消费者，要自觉购买带有"无氯氟化碳"标志的产品；合理处理废旧冰箱和电器，在废弃电器之前，除去其中的氟氯化碳和氟氯烃制冷剂，防止释放到大气中去；有关部门要指导和监督农资站点，不销售含甲基溴的杀虫剂，引导农民选用适合的替代品；企业生产过程的原材料、产品如含有消耗臭氧层物质，应该采用新工艺加以替换；学校要教育学生并和学生一起，宣传保护环境、保护臭氧层的重要性，让大家减少消耗臭氧层物质的使用量。

2) 政府主导

1987 年 9 月，由联合国环境规划署（UNEP）组织的"保护臭氧层公约关于含氯氟烃议定书全权代表大会"在加拿大蒙特利尔市召开。1989 年 9 月 11 日中国签署加入《关于消耗臭氧层物质的维也纳公约》。1991 年 6 月，中国加入了《关于消耗臭氧层物质的蒙特利尔议定书》伦敦修正案，承诺淘汰 CFC（氟利昂家族中的一类，氯氟烃类，主要包括 R11、R12、R113、R114、R115、R500、R502 等）及 Halon（哈龙，溴氟烃类，主要包括哈龙-1211、哈龙-1301、哈龙-2402 等）等。经过多年的努力，到 2007 年 7 月 1 日，中国除了保留一条生产线满足 MDI（二苯基甲烷二异氰酸酯）用途外，其他 CFC 生产全部停止，CFC 生产装置全部拆除。

3) 初见成效

2000 年至 2013 年，中北纬度地区 50 公里高度的臭氧水平已回升 4％，2018 年南极平流层氯含量比 2000 年时降低了约 11％。科学家把这种积极变化归功于全球对某些制冷剂、发泡剂的限制使用，同时说明只要全球行动，人类可以抵制或者延缓生态危机。显然，随着 1987 年《蒙特利尔议定书》的签署，在全人类共同努力下，控制有害化学物质进入大气层的举措正在发挥作用。

4) 任重道远

臭氧层虽然在恢复，但是距离完全恢复还很遥远。南极臭氧层空洞依旧存在。最新计算显示，臭氧浓度水平仍比 1980 年低 6％。联合国环境项目执行主管阿希姆·施泰纳依据最新数据判断，臭氧层可能会在本世纪中期实现完全恢复，但仍需世界各国共同努力。

六、空气质量评价

人们习惯把大气称为空气，我国的空气质量评价以前采用空气污染指数（API），现在采用空气质量指数（AQI）。

AQI 是环境空气质量指数（Air Quality Index）的缩写，是 2012 年 3 月国家发布的新空气质量评价标准，污染物监测为 6 项：二氧化硫、二氧化氮、PM10、PM2.5、一氧化碳和臭氧。根据其中各项的浓度数据折算出一个"污染指数"，连同六项浓度数据同时发布，每小时更新一次。AQI 将这 6 项污染物用统一的评价标准呈现。

《环境空气质量指数（AQI）技术规定（试行）》（HJ633—2012）规定：空气质量指数划分为 0～50、51～100、101～150、151～200、201～300 和大于 300，对应于空气质量的六个级别，指数越大，级别越高，说明污染越严重，对人体健康的影响也越明显，详细情况见表 6-1-3。

表 6-1-3 空气质量指数（AQI）及其对健康的影响

AQI	空气质量	颜色	对健康情况的影响	建议采取的措施
0～50	优	绿色	空气质量令人满意,基本无空气污染	各类人群可正常活动
51～100	良	黄色	空气质量可接受,但某些污染物可能对极少数异常敏感人群健康有较弱影响	极少数异常敏感人群应减少户外活动
101～150	轻度污染	橙色	易感人群症状有轻度加剧,健康人群出现刺激症状	儿童、老年人及心脏病、呼吸系统疾病患者应减少长时间、高强度的户外锻炼
151～200	中度污染	红色	进一步加剧易感人群症状,可能对健康人群心脏、呼吸系统有影响	疾病患者避免长时间、高强度的户外锻炼,一般人群适量减少户外运动
201～300	重度污染	紫色	心脏病和肺病患者症状显著加剧,运动耐受力降低,健康人群普遍出现症状	儿童、老年人和心脏病、肺病患者应停留在室内,停止户外运动,一般人群减少户外运动
大于300	严重污染	褐红色	健康人群运动耐受力降低,有明显强烈症状,提前出现某些疾病	儿童、老年人和病人应当留在室内,避免体力消耗,一般人群应避免户外活动

【任务拓展】

1.借助网络资源，探究消耗臭氧层物质（ODS）的种类、在日常生活的应用，思考如何对待和取舍这些用途。

2.利用手机对本地区指定时间的天气预报数据进行分析说明。

3.查阅资料，完成表 6-1-4。

表 6-1-4 PM2.5 简介

中文名称	细颗粒物
英文名称	Particulate Matter 2.5
简称	PM2.5
定义	
化学成分	
特点及危害	

【知识点小结】

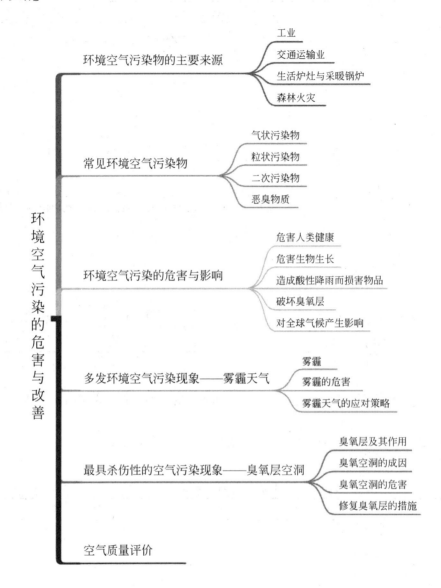

环境空气污染的危害与改善
- 环境空气污染物的主要来源
  - 工业
  - 交通运输业
  - 生活炉灶与采暖锅炉
  - 森林火灾
- 常见环境空气污染物
  - 气状污染物
  - 粒状污染物
  - 二次污染物
  - 恶臭物质
- 环境空气污染的危害与影响
  - 危害人类健康
  - 危害生物生长
  - 造成酸性降雨而损害物品
  - 破坏臭氧层
  - 对全球气候产生影响
- 多发环境空气污染现象——雾霾天气
  - 雾霾
  - 雾霾的危害
  - 雾霾天气的应对策略
- 最具杀伤性的空气污染现象——臭氧层空洞
  - 臭氧层及其作用
  - 臭氧空洞的成因
  - 臭氧空洞的危害
  - 修复臭氧层的措施
- 空气质量评价

任务二　认知水体污染与防治

【任务介绍】

通过查阅资料和学习相关内容，完成以下任务。

1. 认知水体污染物的主要来源。

2. 熟悉水体污染的危害。

3. 了解我国水资源的污染现状。

4. 了解水污染的应对策略。

【任务分析】

利用网络资源、教材和参考书，完成相关任务，养成合理用水的好习惯，建立保护水资源的意识。

【相关内容】

一、我国水资源状况

地球上的江河湖海充满了水，全球约有 3/4 的面积覆盖着水，水体总量约有 14 亿立方千米，其中约 97% 分布在海洋，可用淡水只有 3500 万立方千米，约占 3%。淡水中约有 76% 储存于冰川、高山顶上的冰冠和永久性的冰雪中而无法获取，剩下的水约占 23%。若再扣除分布在盐碱湖和内海的水量，陆地上实际能直接利用的河流和淡水湖的水量，不到地球总水量的 1%。

依据 2016 年的统计，我国淡水资源总量 3 万亿立方米，约占全球淡水资源的 6%。但人口数量庞大，人均水资源 2300 立方米，是世界人均水量的 1/4，占比相当低。按国际公认标准，人均水资源低于 3000 立方米，为轻度缺水。

中国是现今世界 13 个缺水国家之一，全国 600 多个城市中大约一半的城市缺水。水污染使水质恶化，更使水的短缺雪上加霜。有资料显示：我国江河湖泊普遍遭受污染，全国 75% 的湖泊出现了不同程度的富营养化，90% 的城市水系污染严重；水污染造成南方城市总缺水量 60%～70%。我国 118 个大中城市地下水调查显示，有 11 个城市地下水受到污染，其中重度污染约占 40%。

水资源正在遭受各种污染的侵袭。水污染严重破坏了生态环境、影响了人类生存，要想实现人类社会的可持续发展，必须要解决水污染的问题。

二、水体污染物的主要来源

水体污染是指由于工业废水、生活污水和其他废弃物进入江河湖海等水体，超过水体自净能力，导致水体的物理、化学、生物等方面特征发生改变，从而影响到水的利用价值，危害人体健康或破坏生态环境，造成水质恶化的现象。

造成水体污染的来源是多方面的，主要有以下几点。

1. 工业污染源

工业污染源指的是工厂排放的废水。工业生产过程的各个环节都可产生废水，对水体影响较大的工业废水主要来自冶金、电镀、造纸、印染、制革、石油化工等企业。

根据污染物的性质，工业废水可分为以下几类：

① 含有机物废水，如造纸、制糖、食品加工、染织工业等产生的废水；

② 含无机物废水，如火力发电厂的水力冲灰废水、采矿工业的尾矿水以及采煤炼焦工业的洗煤水等；

③ 含毒性化学物质废水，如化工、电镀、冶炼等工业废水；

④ 含病原体工业废水，如生物制品、制革、屠宰厂废水；

⑤ 含放射性物质废水，如原子能发电厂、放射性矿、核燃料加工厂废水；

⑥ 生产用冷却水，如热电厂、钢厂废水。

工业污染源是对水体产生污染的最主要污染源。

2. 生活污染源

生活污染源主要来自城市，指居民在日常生活中排放的各种污水，如洗涤衣物、沐浴、烹调、冲洗便器等的污水。生活污水中的腐败有机物排入水体后，使污水呈灰色，透明度低，有特殊的臭味。

3. 农业污染源

农业污染源主要指的是农药和化肥的不当使用所造成的污染。如长期滥用有机氯农药和有机汞农药，污染地表水，会使水生生物、鱼贝类有较高的农药残留，一旦食用会危害人类的健康和生命。

4. 其他污染源

油轮漏油或者发生事故（或突发事件）引起石油对海洋的污染，因油膜覆盖水面使水生生物大量死亡，死亡的水生生物分解又可造成水体污染。另外，工业生产过程中产生的固体废弃物含有大量的易溶于水的无机物和有机物，受雨水冲淋造成水体污染。

事实上，水体不只受到一种类型的污染，而是同时受到多种性质的污染，并且各种污染互相影响，不断地发生着分解、化合或生物沉淀作用。

三、水体污染的危害

日趋加剧的水污染对人类的生存环境构成严重威胁，成为人类健康、经济和社会可持续发展的重大障碍。水体污染的危害体现在如下三个方面。

1. 危害人的健康

据世界卫生组织统计，世界上许多国家正面临水污染和水资源危机，每年大概有300万～400万人死于水污染。因此，水污染被称作世界的头号杀手。

人可以通过饮水把污染物摄入人体。还可通过食物链累积，虾米吃浮游生物，小鱼吃虾米，大鱼吃小鱼，这样水中生物体内的污染物浓度逐渐增加，而人处于生物链的末端，人吃了富有污染物的大鱼，就会把有毒物摄入体内，使人急性或慢性中毒。

砷、铬、铵类、苯并芘等进入人体，可诱发癌症。被寄生虫、病毒或其他致病菌污染的水，会引起多种传染病和寄生虫病。

重金属污染的水，对人体健康危害极大。被镉污染的水和食物，进入人体后，会造成肾、骨骼病变，摄入硫酸镉20毫克，就会导致人死亡。铅造成的中毒，引起贫血、神经错乱。六价铬有很大毒性，引起皮肤溃疡，还有致癌作用。砷其实本身并不是金属元素，但是由于它对人体的毒性与重金属类似，也把它列入重金属之列。饮用含砷的水，会发生急性或慢性中毒。砷使许多酶受到抑制或失去活性，造成机体代谢障碍、皮肤角质化，引发皮肤癌。

有机磷农药会造成神经中毒，有机氯农药会在脂肪中蓄积，对人和动物的内分泌、免疫功能、生殖机能均造成危害。

稠环芳烃多数具有致癌作用。

氰化物也是剧毒物质，一旦进入血液，即与细胞的色素氧化酶中的三价铁离子结合，阻止其还原为二价铁离子，造成整个生物氧化过程中断，最终导致细胞摄取能量严重不足造成内窒息，表现为呼吸衰竭甚至窒息死亡。

世界上80%的疾病与水有关，伤寒、霍乱、胃肠炎、痢疾、传染性肝炎是人类五大疾病，均由水的不洁引起。

2. 危害工农业生产

水质污染后，工业用水必须投入更多的处理费用，造成资源、能源的浪费。食品工业用水要求更为严格，水质不合格，会使生产停顿。农业使用污水，降低土壤质量，使作物减产，品质降低，甚至使人畜受害。海洋污染的后果也十分严重，如石油污染，造成海鸟和海洋生物死亡。

3. 水体富营养化

在正常情况下，氧在水中有一定溶解度。溶解氧不仅是水生生物得以生存的条件，而且氧会参加水中的各种氧化还原反应，促进污染物转化、降解，是天然水体具有自净能力的重要原因。含有大量氮、磷、钾的生活污水的排放使得大量有机物在水中降解放出营养元素，促进水中藻类丛生（图6-2-1），植物疯长，使水体通气不良，溶解氧下降，甚至出现无氧

图 6-2-1 水体富营养化的结果

层，导致水生动植物大量死亡，水面发黑，水体发臭形成"死湖""死河""死海"，进而变成沼泽，而且还可导致水华、赤潮现象。

四、水污染的应对策略

由于人口增多，又加上水体污染，水资源短缺成了一个世界性难题。为了唤起公众节水意识，加强水资源保护，早在 1977 年召开的联合国水事会议，就曾向全世界发出严重警告："水，不久将成为石油危机之后的下一个深刻的社会危机。"1993 年第 47 届联合国大会就确定，每年的 3 月 22 日为世界水日。而仅仅过去了 40 年，当年的担忧已经变成了如今的现实，人们"谈水色变"。我国近些年水污染严重，国家的治理力度一直在加大，面对如此严峻的水污染形势，我们只有具有共同保护水资源的意识，树立长期治理水污染的思想，才能度过这场大危机。

1. 法规引导

2008 年 6 月 1 日开始实施的《中华人民共和国水污染防治法》，是我国为了保护和改善环境，防治水污染，保护水环境，保障饮用水安全，维护公众健康，推进生态文明建设，促进经济社会可持续发展而推出的关于"水"的法律。该法于 2017 年 6 月 27 日通过修订，并于 2018 年 1 月 1 日起施行。

2015 年 4 月 16 日中国国务院颁布了《水污染防治行动计划》，简称"水十条"，是目前为切实加大水污染防治力度，保障国家水安全而制定的法规，在明确治理部门的职责、提高水环境管理效率中发挥了极其重要的作用。

我国的水污染治理坚持预防为主、防治结合、综合治理的原则，优先保护饮用水资源，严格控制工业污染、城镇生活污染，防止农业面源污染，积极推进生态治理工程建设，预防、控制和减少水环境污染和生态破坏，取得了明显效果。

2. 加强监管

加强国家在污水治理方面的监管力度，以营造更加良好的氛围，使我国的污水处理工作更加顺利进行。

1）针对工业水污染，加强管理及后期水处理至关重要

① 要加强法律对工业污水排放的监督，对不严格处理污水的企业应依法严肃处理。

② 加强在工业废水处理方面的研究，以降低污水处理的成本。因为污水处理成本高易导致污水不合格排放。

③ 污水再利用。处理后的工业污水，也称为中水、再生水，可用作城市道路清洁用水、绿化用水等，这对节约水资源、促进水污染防治至关重要。

2）针对农业水污染，应控制化肥和农药的使用量

采用环保的方法控制病虫害的发生，加强技术人员对农民使用化肥的田间指导，减少化肥的使用。

3. 技术保障

政府应针对我国水污染现状制定相应的污水处理技术标准，并将其不断完善。同时还应该研发有效处理污水技术，并在全国范围内进行示范和推广，使这些技术的实施区域更加广

泛，促进全国的水污染治理水平共同提升。

4. 加强保护

加大重点流域、水源地的治理与保护。我国的重点流域基本上都是城市经济与居民生活的重要水源，所以在水污染治理过程中应加强对重点流域水环境的治理。

2019 年 1 月，经国务院同意，生态环境部、发展改革委联合印发了《长江保护修复攻坚战行动计划》。《行动计划》提出，到 2020 年底，长江流域水质优良（达到或优于 III 类）的国控断面比例达到 85％以上，丧失使用功能（劣于 V 类）的国控断面比例低于 2％；长江经济带地级及以上城市建成区黑臭水体控制比例达 90％以上；地级及以上城市集中式饮用水水源水质达到或优于 III 类比例高于 97％。

5. 减少水污染，人人有责

生活污水与我们的生活方式密切相关，因此改变我们的生活方式对减少生活污水的排放有着至关重要的意义。首先，要节约用水，做到一水多用，如洗完衣服的水可以继续冲洗马桶，淘米水发酵后可以用来浇花等；其次，选择环保的清洗剂，尽量使用肥皂类清洁用品，以减少水污染；第三，珍惜纸张，就是珍惜森林和河流，纸张的大量消费，不仅造成森林毁坏，而且会因生产纸浆排放污水污染河流；第四，使用无磷洗衣粉，减少含磷污水排放，防止水环境的富营养化破坏；第五，积极参与植树造林和对森林的保护活动，森林有涵养水源、减少无效蒸发和调节小气候的作用，具有节流意义。森林还有可能增加周边区域降水量，具有开源意义。因此我们提倡多植树绿化，保护身边的绿水青山。

【任务拓展】

上网查阅，把《水污染防治行动计划》简称"水十条"中的十条摘录出来。

【知识点小结】

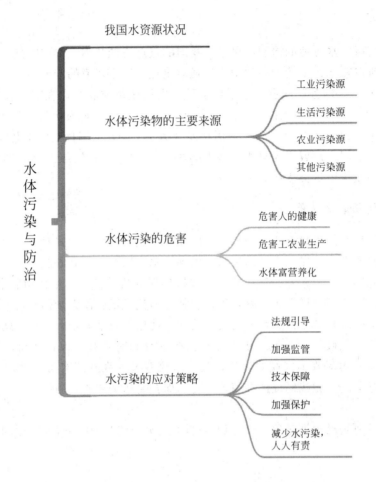

我国水资源状况

水体污染物的主要来源
- 工业污染源
- 生活污染源
- 农业污染源
- 其他污染源

水体污染的危害
- 危害人的健康
- 危害工农业生产
- 水体富营养化

水污染的应对策略
- 法规引导
- 加强监管
- 技术保障
- 加强保护
- 减少水污染，人人有责

水体污染与防治

任务三　认知居室环境污染

【任务介绍】

学习居室环境污染相关内容，完成以下任务。

1. 认识居室环境污染物的种类和来源。

2. 熟悉居室主要污染物对人体的危害。

3. 控制和减少居室环境污染。

【任务分析】

利用网络资源、教材和参考书，完成相关任务，具备控制和消除居室环境污染的能力。

【相关内容】

何为居室环境？居室环境是由屋顶、地面、墙壁、门窗等建筑结构从自然环境中分割而成的空间，即住宅建筑物内的小环境。

随着社会的发展，人们把住宅建筑物划分为不同的区域，以满足自己更多的需求，所以居室环境不仅仅指人们生活居住的空间，还有工作、社交及其他活动所处的相对封闭的空间，包括住宅、教室、办公室、医院、候车室、候机厅、交通工具及娱乐场所等室内活动场所。我们每天有 70%～90% 的时间是在居室内度过的。随着互联网技术的发展，我们待在居室内的时间相对延长了很多，可以说居室内的环境质量直接影响着人们的健康。

一、居室环境污染的来源

居室环境污染的由来可追溯到 20 世纪初，在装有通风设备的建筑物内出现了对居室内部空气不适的人群，他们头晕、胸闷、烦躁甚至易感冒，即出现了病态建筑综合征，简称 SBS，俗称"空调病"。直至此时，室内环境与人类的健康问题才开始进入人们的视野，被人们所重视。现在我们知道，室内环境污染不只是引起病态建筑综合征这样简单，长期处在环境污染的室内，还会引发多种疾病，甚至使人致畸、致癌、致突变。根据我国室内空气质量标准，居室污染物按其属性分为化学污染、物理污染和生物污染三大类。其中化学污染物浓度相对较低，但它对人体的危害尤为突出，这也是我们关注的重点。

1. 化学污染

居室化学污染物的来源主要有四个方面。

① 建筑装饰装修材料释放的化学物质。如聚苯乙烯泡沫塑料、脲醛树脂泡沫塑料、油漆、黏合剂等释放的甲醛、氯乙烯、苯、甲苯、醚类等；人造板材家具、化纤类壁纸释放的各种挥发性有机物。

② 化妆品引起的化学污染。化妆品使用的增白剂、香料、色素、染料、防腐剂、重金属等都不同程度地含有一些有害物质。

③ 日常生活产生的化学污染。如烧饭用的煤气、天然气，燃煤燃烧时会产生一氧化碳、二氧化碳、二氧化硫等有害气体。

④ 居民生命活动产生的化学物质。呼出的气体，汗液，大小便中含有的二氧化碳、甲烷等均属于化学污染物。

2. 物理污染

居室环境中的物理污染主要有三个方面。

① 放射性污染。放射性污染源主要来自于建筑主体本身及装修装饰材料，其中射线来自房屋建材的大理石、花岗岩等天然石材，以及掺有工业废渣的建筑装饰材料、陶瓷砖等；来自花岗岩、水泥、砖、砂、石膏等建材的氡以及受氡源污染的煤气、水等。

② 电磁辐射污染。电磁辐射污染是在各种家用电器的使用过程中产生的。电冰箱、洗衣机、微波炉、电磁炉、电视机、组合音响、电脑、手机等的普遍使用引起的电磁辐射污染，已成为影响居民健康的重要环境问题之一。

③ 家庭噪声污染。主要来自各种发声电器，如排风扇、抽油烟机、电冰箱、洗衣机、微波炉、电视机等。此外，房屋装修也会造成噪声污染。

另外，居室的光污染也引起了大家的重视。

3. 生物污染

生物污染主要来自阴暗、潮湿和通风较差的环境。居室生物污染的产生源主要有四个方面。

① 厨房。因为厨房比较潮湿又常有米、面、蔬菜摆放，一些细菌、真菌、病毒及蟑螂等易于滋生繁殖，并通过饭菜、瓜果、餐具进行传播。

② 卫生间。卫生间潮湿阴暗又通风不良，马桶、墩布、地漏口等处都易滋生有害微生物。

③ 生活用品。床垫、地毯、坐垫、毛绒玩具及空调，是细菌、病毒、螨虫等微生物的滋生场所，加湿器会有助于细菌的传播。

④ 食品。粮食、蔬菜及各种食品因储存条件不良，潮湿、阴暗、通风不畅或储存器具不洁净，最易滋生各种微生物和害虫。

二、常见污染物及危害

居室污染物多种多样，其危害程度也不尽相同。就目前情况来看，对人体健康影响最为严重的是建筑装修、厨房所产生甲醛、苯及其同系物、一氧化碳、室内飘尘等。

1. 甲醛

甲醛对人体的危害主要表现在嗅觉异常、刺激、过敏、肺功能和免疫功能异常等方面。高浓度吸入时会出现呼吸道严重刺激和水肿、眼刺激、头疼，低浓度甲醛可使人皮肤过敏、咳嗽、恶心等。

2. 苯及其同系物

苯及其同系物可用于制造洗涤剂、油漆、涂料和黏合剂，对人体健康的危害主要是影响中枢神经系统。在短时间内吸入高浓度甲苯、二甲苯时可出现中枢神经系统麻醉，轻者头晕、头疼、恶心、胸闷、乏力、意识模糊，严重者可致昏迷。长时间接触一定浓度的甲苯、二甲苯，会引起头疼、失眠、精神萎靡、记忆力减退等。

3. 一氧化碳

一氧化碳是一种无色、无味、无臭、无刺激性的有害气体。通常人们所说的煤气中毒就是一氧化碳中毒。一氧化碳中毒分三级，轻度中毒表现为头疼、头晕、恶心、呕吐、四肢无力；中度中毒除上述症状外，还会出现意识模糊、昏迷、盗汗、虚脱等；当人短时间内吸入高浓度一氧化碳时会发生重度中毒，表现为深度昏迷、脑水肿、肺水肿、心肌损害、心律失常，如抢救不及时有生命危险。

4. 室内飘尘

飘尘是指空气中粒径小于十微米的颗粒物（PM10）。粒径小于 2.5 微米的细微粒（PM2.5）称为可入肺颗粒物，对人体危害最大，引起呼吸道疾病，如肺气肿、尘肺、肺炎，甚至会诱发癌症。

三、居室环境污染控制

1. 防止装修污染

防止装修污染应从四方面入手。

① 要对装修材料实行环境质量认证，限制污染超标装修材料的生产和销售。

② 严把装修材料环保关，使用名副其实的环保标志产品。对瓷砖、石材进行环境质量检测分析。

③ 进行开放式装修，让有害气体尽快散失。

④ 对室内气味、辐射进行环境检测，符合环境质量标准后再行入住。

2. 控制厨房污染

厨房是家庭居室污染最严重的场所，控制厨房污染应从多方面入手。

① 要安装抽油烟机并及时清洗，使之保持良好工作状态，对废油脂要妥善处理，避免污染扩散。

② 制作食品、饭菜要适量，尽量减少剩余饭菜的数量，更不能把剩余饭菜长时间留存，防止生物污染和变质食品造成污染。

③ 注意通风，避免因厨房过于阴湿引起霉菌等微生物滋生。

④ 经常清洗冰箱、微波炉、电饭锅、煤气灶等厨具和餐具。

⑤ 厨余垃圾要存入垃圾袋，并及时投放到室外垃圾箱。

3. 防止飘尘污染危害

减少室内飘尘污染，需注意生活细节并持之以恒。

① 进屋前先拍打衣帽，进屋后要换拖鞋，尽量减少入屋尘埃。

② 勤换洗衣服、被褥，不得在室内抖动拍打衣服。

③ 用湿布擦抹桌面、床架，对易积存尘埃的部位，尽量用吸尘器清理。

④ 要经常洗澡洗头，清除皮肤上的污物和皮屑。

4. 养成良好生活习惯

人的生活活动是室内环境污染的主要原因，平时要养成良好的个人生活习惯，保持个人卫生和室内清洁。不在室内进行剧烈活动，避免飘尘产生。不在室内吸烟，减少一氧化碳、二氧化碳和烟雾的发生量。减少各种化妆品、喷雾剂和化学洗涤剂的使用量，降低化学污染。选购低噪声家用电器，合理开启音响设备，控制噪声污染。合理使用灯光，防止光污染。

不少绿色植物能够分解或者吸收一些居室内的有毒物质。室内种几种绿色植物，不仅可以陶冶个人情操，还能降低室内有毒物质浓度，美化居室环境。

我们的居室环境质量是好还是坏？要不要花钱请检测机构进行检测？相信大家都会有这样的疑问。其实如果我们对自己的新居在装修时科学选材，居住后按照居室环境污染控制要求去做，就不会有大的问题。假如家庭成员出现了如下症状，就一定搬离新居，请有资质的室内环境治理师采取科学合理的方法加以治理，然后重新入住。

1. 起床综合征：起床时感到憋闷、恶心，甚至头晕目眩。

2. 心动过速综合征：新买家具后家里气味难闻，使人难以接受，常常心跳加快，并引发身体疾病。

3. 类烟民综合征：虽然不吸烟，也很少接触吸烟环境，但是经常感到嗓子不舒服，有异物感，呼吸不畅。

4. 幼童综合征：家里小孩常咳嗽、打喷嚏、免疫力下降，孩子不愿意回新家。

5. 群发性皮肤病综合征：家人常有皮肤过敏等毛病，而且是群发性的。

6. 家庭群发疾病综合征：家人共有一种疾病，而且离开这个环境后，症状就有明显变化和好转。

7. 不孕综合征：新婚夫妇长时间不怀孕，查不出原因。

8. 胎儿畸形综合征：孕妇在正常怀孕情况下发现胎儿畸形。

9. 植物枯萎综合征：搬新家或者新装修后，室内植物不易成活，叶子容易发黄、枯萎，即使是一些生命力最强的植物也难以正常生长。

【知识点小结】

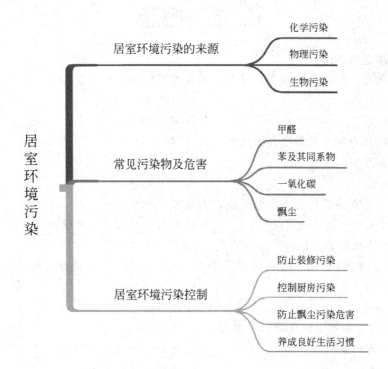

 自我评价

一、选择题（单选或多选）

1. （多选）大气污染物的种类很多，按其存在状态可概括为两大类，分别是（　　）。
   A. 气溶胶污染物
   B. 气态污染物
   C. 固态污染物
   D. 液态污染物

2. （多选）我国法令所定义的空气污染物项目有（　　）。
   A. 气状污染物
   B. 粒状污染物
   C. 二次污染物
   D. 恶臭物质

3. （多选）环境空气污染的危害十分明显，主要有（　　）。
   A. 直接危害人体和动物的健康
   B. 直接影响工业生产活动
   C. 直接危害植物正常生长
   D. 直接影响气候

4. 空气中的漂浮颗粒PM10、PM2.5等，颗粒物的动力学当量直径单位是（　　）。
   A. 毫米（mm）
   B. 微米（μm）
   C. 丝米（dmm）
   D. 埃（Å）

5. （多选）雾霾对人体产生的危害，主要有（　　）。
   A. 对呼吸系统的影响
   B. 对心血管系统的影响
   C. 传染病增多
   D. 不利于儿童成长
   E. 影响心理健康
   F. 影响生殖能力
   G. 易引发老年痴呆症

6. （多选）当出现雾霾天气时，对于已经形成早晨起来户外锻炼习惯的人群，可以选择（　　）。
   A. 戴口罩外出锻炼
   B. 在家里运动锻炼
   C. 去健身房运动锻炼
   D. 暂时取消运动锻炼

7. （多选）当出现雾霾天气时，上班族出门一定要（　　）。
   A. 戴口罩出行
   B. 骑自行车出行
   C. 尽量乘公交出行
   D. 快速跑步出行

8. （多选）当出现雾霾天气时，开车族应当（　　）。
   A. 开启前后雾灯
   B. 保持足够车距
   C. 减速慢行
   D. 严格按信号灯行驶

9. （多选）当出现雾霾天气时，对于居室的管控措施是（　　）。
   A. 关闭门窗
   B. 开启空气净化器
   C. 开启空调调温
   D. 定时开窗换气

10. 《蒙特利尔议定书》是（　　）达成的，为减少消耗臭氧层物质的排放做出了巨大的贡献。
    A. 1987年9月
    B. 1989年3月
    C. 1989年9月
    D. 1991年6月

11. 中国签署加入《关于保护臭氧层的维也纳公约》是（　　）。
    A. 1987年9月
    B. 1989年3月

C. 1989 年 9 月　　　　　　　　　　　　D. 1991 年 6 月

12. 我国关停最后两家哈龙 1211 生产线的时间是（　　　）。

A. 1993 年 1 月　　　　　　　　　　　　B. 1997 年 5 月

C. 2004 年 11 月　　　　　　　　　　　D. 2005 年 1 月

13. （多选）AQI 中的六项监测指标是（　　　）。

A. SO_2　　　　　B. SO_3　　　　　C. NO_2　　　　　D. NO

E. PM10　　　　　F. PM2.5　　　　　G. CO　　　　　H. CO_2

I. O_3

14. （多选）AQI 规定，空气污染指数划分为六级，重度污染的污染指数是（　　　）。

A. 101～150　　　B. 151～200　　　C. 201～300　　　D. ＞300

15. （多选）造成水体污染的原因是多方面的，其主要来源有（　　　）。

A. 工业废水　　　B. 生活污水　　　C. 农业污水　　　D. 其他

16. （多选）水体污染的危害有（　　　）。

A. 危害人的健康　　　　　　　　　　　B. 危害工业生产

C. 危害农业生产　　　　　　　　　　　D. 水的富营养化的危害

17. 到 2020 年，我国七大重点流域水质优良（达到或优于Ⅲ类）比例总体达到（　　　）以上。

A. 50%　　　　　B. 60%　　　　　C. 70%　　　　　D. 80%

18. 到 2030 年，我国七大重点流域水质优良（达到或优于Ⅲ类）比例总体达到（　　　）以上。

A. 60%　　　　　B. 65%　　　　　C. 70%　　　　　D. 75%

19. （多选）居室主要污染物有（　　　）。

A. 甲醛　　　　　　　　　　　　　　　B. 苯及其同系物

C. CO　　　　　　　　　　　　　　　　D. 飘尘

20. （多选）做好居室环境污染控制，应该（　　　）。

A. 防止装修污染　　　　　　　　　　　B. 控制厨房污染

C. 防止飘尘污染　　　　　　　　　　　D. 讲究环境文明的生活习惯

二、判断题

1. 消除环境污染问题是保证人类能够长期生存和健康发展的根本需要。

2. 工业生产是环境空气污染的一个重要来源。

3. 交通运输工具燃油燃烧产生的废气中含有一氧化碳、二氧化硫、氮氧化物和碳氢化合物等，是造成大城市环境空气污染又一重要来源。

4. 一个成年人每天呼吸大约 2 万多次，吸入空气达 15～20 立方米。

5. "热岛效应"和"温室效应"形成的原因是相同的。

6. 雾霾天气是一种空气污染状态，雾霾是对空气中各种悬浮颗粒物含量超标的笼统表述。

7. PM2.5（空气动力学当量直径小于等于 2.5μm 的颗粒物）被认为是造成雾霾天气的"元凶"。

8. 当出现雾霾天气时，早晨可以佩戴口罩外出锻炼。

9. 当出现雾霾天气时，上班族应佩戴口罩等防护用具，尽量乘公交出行。

10. 当出现雾霾天气时，开车族在行驶时应开启前后雾灯，并减速慢行。

11. 当出现雾霾天气时，应关闭居室门窗，利用空调或空气净化器加以调节室内温度和空气质量。

12. 大气臭氧层被誉为地球生物生存繁衍的保护伞。

13. 经过努力，大气臭氧层空洞是完全可以修复的。

14. 为了保护大气臭氧层，人们应拒绝使用消耗臭氧层物质（ODS）。

15. 依据 AQI 的规定，当天气预报数据中的污染指数为 100 时，属于重度污染。

16. 依据 AQI 的规定，当天气预报数据中的污染指数为 10 时，属于良好。

17. 工业废水是水体污染最主要的污染源。

18 家庭过度装修会造成居室的化学污染。

19. 过度依赖使用家用电器会造成居室的物理污染。

20. 家用厨房要注意通风换气，防止造成生物污染。

◆ 参考文献 ◆

[1] 上海科普教育促进组. 生活化学. 上海：复旦大学出版社，上海科学技术出版社，上海科学技术普及出版社联合出版，2017.

[2] 赵雷洪，沈波. 生活中不得不知的化学. 杭州：浙江大学出版社，2016.

[3] 张英锋，马子川. 生活中的化学（牛顿科学馆系列）. 北京：北京师范大学出版社，2017.

[4] 杨金田，谢德明. 生活的化学. 北京：化学工业出版社，2017.

[5] 江家发. 现代生活化学. 合肥：安徽师范大学出版社，2013.

[6] 杨文，周为群. 化学与生活. 北京：化学工业出版社，2019.

[7] 刘金凯. 生活中的化学. 北京：中国社会科学出版社，2014.

[8] 姜虹娟. 生活中的数理化. 海口：南海出版公司，2003.

[9] 刘行光. 化学多大点事儿. 北京：人民邮电出版社，2013.

[10] 中国大学 MOOC：《化学与健康》，青岛科技大学.

[11] 中国大学 MOOC：《化学与人类文明》，西安交通大学.

[12] 中国大学 MOOC：《化学创造美好生活》，南昌大学.

[13] 中国大学 MOOC：《营养与健康》，南京大学，郑伟娟.

[14] 中国大学 MOOC：《名侦探柯南与化学探秘》，中南大学.

[15] 中国大学 MOOC：《化学与人类》，燕山大学.

[16] 中国大学 MOOC：《走进化学》，河南大学.

[17] 高远，蒋莉译. 化学变！变！变！南昌：江西人民出版社，2018.

◆ 参考答案 ◆

项目一　自我评价

一、选择题

1. A　2. A　3. C　4. B　5. C　6. C　7. D　8. B　9. A　10. A　11. C　12. A　13. B
14. C　15. C　16. B　17. A　18. B　19. A　20. C

二、判断对错

1. 错　2. 对　3. 对　4. 对　5. 对　6. 对　7. 对　8. 对　9. 对　10. 错

项目二　自我评价

一、选择题

1. D　2. B　3. C　4. A　5. BCDA　6. C　7. D　8. BC　9. BCD　10. ABCD

二、判断对错

1. 错　2. 错　3. 对　4. 错　5. 错　6. 对　7. 对　8. 对　9. 错　10. 对

项目三　自我评价

一、选择题

1. C　2. B　3. A　4. ABCD　5. AB　6. D　7. ABCD　8. C　9. B　10. C　11. ABCD
12. ABCD　13. C　14. ABCD　15. ABC　16. ABD　17. ABCD

二、判断对错

1. 错　2. 对　3. 错　4. 错　5. 错　6. 错　7. 错　8. 错　9. 对　10. 错　11. 对　12. 错
13. 错　14. 错　15. 错　16. 错　17. 对　18. 对　19. 错

项目四　自我评价

一、选择题

1. C　2. C　3. A　4. C　5. C　6. B　7. B　8. D　9. C　10. BCD　11. C　12. C　13. D
14. B　15. B

二、判断对错

1. 对　2. 错　3. 错　4. 对　5. 对　6. 对　7. 对　8. 错　9. 对　10. 错　11. 对　12. 对
13. 对　14. 对　15. 错　16. 对　17. 错　18. 对　19. 对　20. 对

项目五　自我评价

一、选择题

1．B　2．B　3．C　4．B　5．ABD　6．B　7．D　8．B　9．D　10．D　11．D　12．ABCD
13．C　14．D　15．D　16．ABCD　17．ABCD　18．A　19．C　20．ABCD

二、判断对错

1．对　2．对　3．错　4．错　5．对　6．对　7．错　8．错　9．对　10．对　11．错　12．对
13．对　14．错　15．错　16．对　17．错　18．对　19．对　20．对

项目六　自我评价

一、选择题

1．AB　2．ABCD　3．ACD　4．B　5．ABCDEFG　6．BCD　7．AC　8．ABCD　9．ABC
10．A　11．C　12．D　13．ACEFGI　14．C　15．ABCD　16．ABCD　17．C　18．D
19．ABCD　20．ABCD

二、判断对错

1．对　2．对　3．对　4．对　5．错　6．对　7．对　8．错　9．对　10．对　11．对　12．对
13．对　14．对　15．错　16．错　17．对　18．对　19．对　20．对